通权达变

李向阳 著

中国商业出版社

图书在版编目（CIP）数据

通权达变 / 李向阳著. -- 北京 : 中国商业出版社, 2024. 11. -- ISBN 978-7-5208-3224-3

Ⅰ. B848.4-49

中国国家版本馆 CIP 数据核字第 2024ZW2904 号

责任编辑：郝永霞
策划编辑：佟　彤

中国商业出版社出版发行
（www.zgsycb.com　100053　北京广安门内报国寺 1 号）
总编室：010-63180647　　编辑室：010-83118925
发行部：010-83120835/8286
新华书店经销
三河市京兰印务有限公司印刷
*
710 毫米 ×1000 毫米　16 开　10 印张　130 千字
2024 年 11 月第 1 版　2024 年 11 月第 1 次印刷
定价：59.80 元
* * * *
（如有印装质量问题可更换）

前言

在历史的长河中，无数圣贤与智者以其非凡的洞察力与卓越的领导才能，书写了人生的辉煌篇章。他们深知，在纷繁复杂的世界中，仅凭一成不变的策略与教条，难以应对瞬息万变的时局，唯有通权达变，方能顺应时势，成就伟业。

在当今这个日新月异的时代，变化也已成为恒定的主题和生活的常态。从科技的飞速发展到社会的深刻变革，再到生活方式的转变，每一个细微之处都在展示着“变”的力量。面对这纷繁复杂的世界，我们是否常常感到力不从心，甚至被时代的洪流裹挟？

本书正是为了帮助每一位在变化中寻求自我定位与成长的读者，为他们提供一盏指引前行的明灯，引导读者在复杂多变的环境中，通过掌握变通之道，实现个人成长和事业发展。

本书系统地阐述了“通权达变”的智慧与策略，旨在让读者理解并掌握如何在变化中寻找机遇，如何在挑战中实现自我超越。我们深知，真正的智慧不在于抗拒变化，而在于如何顺应时势，灵活应变，这样才能在变化中立于不败之地。

本书从多个维度出发，深入浅出地阐述了变通的重要性和实践方法。从变通初识到行动变通，从人际变通到情绪变通，再到目标、学习、心态、方法和生活变通，每一章节都紧密围绕“变通”这一主题展开，层层深入，逐步揭示变通之道的精髓，旨在帮助读者打破思维定式，拓宽视野，学会在变化中寻找机会，在挑战中寻求突破。

书中深刻指出，变通不仅仅是一种生存策略，更是一种生活态度，一种面对世界万物时的从容与智慧。通过思维变通，我们能够打破常规，发现新的视角与解决方案；通过行动变通，我们能在困境中找到出路，实现目标的多样化路径；通过人际变通，我们能在复杂的人际关系中游刃有余，构建和谐的人际关系网络；通过情绪与心态变通，我们能够在面对生活中的种种挑战时，始终保持冷静与乐观，以坚韧不拔的姿态迎接每一个挑战；通过学习与方法变通，我们可以拓宽视野，触类旁通，在变通中不断突破自我，实现自我价值的最大化，可以通过不断尝试新的方法，找到最适合自己的解决之道。此外，本书还强调了生活变通的重要性。我们要学会在变化中调整自己的生活方式，找到最适合自己的生活节奏，让生活变得更加美好。

在这个急剧变化的时代，我们唯有敢于挑战未知，不断尝试新的方法，才能跟上时代的步伐，不被时代淘汰。本书不仅仅是一本充满人生智慧的书，更是一把能够打开通往未来成功之门的钥匙。愿每一位读者都能从本书中汲取到智慧与力量，勇敢地面对生活中的每一个变化与挑战，以通权达变之智，书写属于自己的精彩篇章。

目 录

Contents

第四章 人际变通：人情留一线，日后好相见

第五章 情绪变通：冷静应对一切变化

第六章 目标变通：曲线救国，迂回前进

第十章　生活变通：晴天留路，雨天有伞

第一章

变通初识：顺势而为，不与大势为敌

在浩渺的历史长河中，每一个时代都有其独特的潮流与趋势，它们如同巨大的洪流，裹挟着万物向前。其中，那些能够洞察先机、顺应大势的人，往往能够站在时代的浪尖，引领潮流，成就非凡。他们深知，与其逆流而上，不如顺势而为，以变通的智慧，在时代的洪流中寻找到自己的定位和方向。

“变通”二字，蕴含了深刻的人生智慧。它要求我们在面对复杂多变的环境时，既要保持敏锐的洞察力，又要具备灵活的思维和果敢的行动力。正如古人所言：“穷则变，变则通，通则久。”在困境中寻求变化，才能找到通往成功的道路。

» 世界在变，你为何不变？

岁月不居，时节如流。在这滚滚向前的历史长河中，世界犹如一部波澜壮阔的史诗，时刻演绎着变化与进步的旋律。山川河流、城市乡村、科技文化，无不在时间的洗礼下焕发新的生机。然而，在这变幻莫测的世界里，你是否思考过一个问题：世界在变，你为何不变？

智者变通，勇者顺势

“世界在变，你为何不变？”这不仅仅是一个疑问，更是一种挑战。它提醒我们，在这个瞬息万变的时代，唯有不断适应、不断改变，才能立于不败之地。

或许，你会说：“我何尝不想变？只是世事艰难，变革不易。”诚然，变革并非易事，它需要勇气、需要决心，更需要持之以恒的努力。但正是这不易之变，才更显其珍贵与必要。唯有不断寻求变革，我们才能紧跟时代的步伐，确保自己在激烈的竞争中脱颖而出。

回首往昔，那些在历史长河中留下浓墨重彩的人物，无不是勇于变革的典范。他们或改革制度，或创新科技，或引领文化潮流，都在以自己的方式改变着世界。这些人之所以伟大，正是因为他们敢于挑战传统，勇于顺势而变。

然而，在我们身边，也不乏那些安于现状、不思进取的人。他们或沉浸于往昔的辉煌成就，或满足于当下的安逸舒适，或畏惧于未来的挑战。他们害怕变化带来的不确定性，害怕失去已有的地位和利益。于是，他们选择了原地踏步，选择了故步自封。然而，这样的选择，最终只会让他们在这个不断变化的世界中逐渐落伍，甚至被淘汰。

那么，我们该如何面对这个变化的世界呢？

我们要有敢于变革的勇气。变革意味着打破旧有的格局，意味着走出舒适区，意味着面对未知的风险。但正是这些风险，才孕育着机遇和希望。我们要敢于挑战自己，敢于尝试新事物，敢于接受新的思想和观念。只有这样，我们才能在变革中不断成长，不断超越自我。

我们要有持之以恒的决心。变革不是一蹴而就的，它需要我们长期坚持并付出极大的努力。我们要有坚定的信念和决心，不断追求进步和发展。在遇到困难时，我们要有勇气面对，有毅力克服；在取得成果时，我们要有谦虚的心态，继续前行。只有这样，我们才能在变化中保持持久的竞争力。

我们还要有开放的心态和包容的胸怀。世界在不断演变，新的思想、观念和技术不断涌现。我们应该时刻保持开放的心态，积极主动地学习和掌握新知识、新技能。同时，我们也要有包容的胸怀，尊重他人的选择和观点，共同推动社会的进步和发展。

当然，变革并非盲目地追求新奇和刺激，而是要有目标、有计划地进行。我们要明确自己的目标和方向，根据自己的实际情况和需要制订合理的发展规划。只有这样，我们才能在变化中保持清醒的头脑，不被外界的诱惑和干扰左右。

顺应时代之变，坚守内心之不变

真正的变化和成长并非来自外在的繁华和名利，而是来自内心的平静和满足。“变”是为了更好地适应这个社会，适应这个时代。然而更重要的是，我们要懂得“变”与“不变”的真谛。“变”并不意味着我们要放弃自我，而是要在变通中依然保持初心。

学会变通，但依然要坚守道德底线。在物欲横流的社会里，有些人为了金钱和名利，不惜违背道德底线，做出伤天害理的事情。而我们虽随大势，却依然坚守着内心的道德准则，不为外界的诱惑所动摇。要相信，只有具备了高尚的道德品质，才能赢得他人的尊重和信任，才能在人生的道路上走得更远。

学会变通，但依然要坚守理想和信念。在时代的洪流中，我们要明确自己的方向，不随波逐流、不盲目跟风，坚守自己的信念和理想，像一座灯塔，在风浪中屹立不倒。这样我们的内心才会充满力量，这种力量源于对自我的深刻认识，对世界的独特理解。只有坚守内心的真实与纯粹，我们才能在瞬息万变的世界中找到属于自己的舞台。

学会变通，但依然要内心平静与从容。在纷繁复杂的世界中，我们要始终保持一种平静的心态。我们要明白，变化是常态，而内心的平静则是应对变化的最好武器。无论世界如何变化，我们都能够保持内心的平静与从容，用一颗平静的心去面对生活的起起落落。这种心态，可以让我们在变化的世界中更加从容不迫，更加自信坚定。

世界在变，你为何不变？这是一个值得每个人深思的问题。世界在变，唯有变通，才能适应时代的发展。因此，我们必须持续探索，不断学习新知识、接受新思想，用开放的视角去审视这个世界。用自己的方式去理解并适应这个变化的世界，不断调整自己的步伐，与时代同步前行。只有这样，我们才能在这个变化的世界中立足生根、茁壮成长；我们才能实现自己的人生价值和社会价值；我们才能为人类的进步和发展贡献自己的力量。

» 变通不是投机，是智慧的选择

在前进路上，总是充满着困难与挑战。面对这些困难和挑战，有些人固执已见，不轻易改变；有些人则懂得变通，灵活调整自己的策略和方向。这里所说的变通并非投机取巧，而是基于智慧的选择，是一种在坚持原则的同时，根据实际情况作出最合理决策的能力。

智者的选择：变通不投机，走得更远

我们需要明确变通与投机的区别。变通，是在不背离原则和底线的情况下，根据实际情况改变当下所采取的方法和策略。它要求我们在面对困难时，可以时刻保持冷静和理智，通过分析和判断找到最佳的解决方案。而投机，则往往是为了追求短期的利益或成功，而采取一些不道德、不合法的手段。投机者往往缺乏长远的眼光和坚定的信念，只关注眼前的得失，不注重未来的发展和影响。

变通之所以是智慧的选择，是因为它体现了人类对于复杂世界的深刻理解和灵活应对的能力。这种智慧是在生活中不断积累和总结而来的，不是一蹴而就的。广博的知识储备是变通的基础，当我们掌握了足够的信息和知识时，就可以在面对问题时迅速作出判断和决策。因此，我们应该保持学习的热情和好奇心，不断拓宽自己的知识领域。

实践是变通的重要来源。通过不断的尝试和实践，我们可以积累大量的经验和教训，从而在面对类似问题时可以迅速找到解决方案。同时，实践经验还可以帮助我们更深入地了解和掌握事物的本质和性质。

创新思维是变通的关键。在面对复杂问题时，我们需要打破常规的思维模式，从多角度、多层次进行思考和分析。当具备了创新思维的能力，我们就可以找到更加合理有效的解决方案。

变通在人生中具有重要的价值，它不仅可以帮助我们更好地应对各种挑战和困境，还可以让我们在人生的道路上走得更远更稳。在瞬息万变的当下，适应环境是生存的前提，是发展的关键。只有懂得变通的人，才能在不断变化的环境中保持竞争优势和生存能力，他们可以根据环境的变化及时调整自己的策略和方向，从而避免被时代淘汰。

当面对难题时，变通的人往往可以保持冷静，并快速发现问题的根源和关键所在，并在第一时间找到最优解法。他们不会被问题困扰和束缚，反而会积极主动地寻找解决问题的途径和方法。

变通的人往往会根据实际情况灵活调整自己的目标和计划。他们不会因一时的挫败而轻易放弃，只会越挫越勇，在失败中积累经验。通过不断的变通和调整，他们最终能够实现自己的目标和梦想。

变通与智慧同行，成就美好未来

变通的精神是推动社会进步的重要力量。只有不断变通，才能不断创新，推动社会向前发展。在历史的长河中，那些勇于变通、敢于创新的人，往往能够成为时代的弄潮儿，引领社会潮流。

培养变通能力，需要保持开放的心态。我们要敢于接受新事物、新思想，不断拓宽自己的视野和思维空间。只有这样，我们方能在面对困难时，迅速找到新的解决途径。

变通需要具备强大的洞察力和丰富的实践经验。我们要学会观察和分析周围的事物，发现其中的规律和趋势。通过不断积累经验和知识，以便更好地应对各种挑战和困境。

变通需要勇气和决心。我们不能囿于现状，而是要不断尝试新思路、新方法，不断挑战和提升自己的极限。即使失败也可以不断总结经验，继续前行。同时，我们还要不断创新，寻找新的解决途径和方法。

变通既是能力，也是智慧。它告诉我们，在面对困难和挑战时，不要一味地墨守成规，而是要敢于尝试新的方法和思路。只有这样，我们才能不断突破自己的极限，实现自我超越。

除此之外，变通还教会了我们一个道理，我们总会在人生中遇到各种各样的人和事。有些人会让我们感到困惑和迷惘，有些事会让我们感到无奈和失落。但是，只要我们保持变通的心态，就能够从中找到新的机遇和可能。我们要学会用变通的心态去面对人生的起伏和波折，用智慧去选择自己的道路。变通不是投机取巧，而是基于智慧的选择。

在人生的旅途中，我们需要学会变通，根据实际情况灵活调整自己的行为和策略。只有这样，我们才可以更好地应对各种挑战和困境，实现自己的目标和梦想。

» 拥抱变化，如同水适应容器

在这个瞬息万变的现代社会中，变化是永恒的主题。从科技进步到社会结构变革，从个人成长到职业发展，变化无处不在，影响着我们的每一个决策和行动。然而，正如水可以适应不同形状的容器一样，我们也应该积极拥抱变化，找到属于自己的生存之道。

“拥抱变化”意味着我们要主动去接受和适应这些变化，而不是被动抵抗或逃避。当我们积极拥抱变化，我们就能够更好地发现新的机会，学习新的技能，获得不断的成长和进步。

变化是社会发展的必然规律

变化是自然界和社会发展的必然规律。从自然界的四季更替到社会经济的飞速发展，从科技的不断进步到文化的多元融合，变化无处不在、无时不有。面对这些变化，我们往往感到无所适从，甚至产生恐惧和抵触情绪。然而，如果我们能够像水一样，具备适应变化的能力，就可以在变化中找到自己的位置，实现自我成长和进步。

水是一种极具适应性的物质。无论面对何种形状的容器，水都能够自然地调整自己，完美地填满整个容器，这给我们带来了一个重要的启示：在变化中寻求适应，在适应中求得生存。在适应变化的过程中，我们需要保持一种开放和灵活的心态。就像水能够适应任何形状的容器一样，我们也应该能够灵活地调整自己的思维方式、行为方式和心态，以适应不断变化的环境。

对于个人而言，变化可以带来新机遇和新挑战。随着社会的不断发展和进步，新兴职业领域和就业机会如雨后春笋般涌现，但同时也对个人的素质和能力提出了更高的要求。只有持续学习和自我提升，才能紧跟时代的步伐，抓住每一次成长的机遇。

对于企业而言，变化可以推动创新和发展。在竞争激烈的市场环境中，只有那些勇于变革、敢于破旧立新、不断激发创新潜能的企业，才能在竞争中立于不败之地。此外，变化往往伴随着风险与不确定性，这要求组织具备高度的灵活性和适应性，以应对市场环境的变化。

当今时代，科技的不断进步持续推动着社会的快速发展，而社会的每一次深刻变革又反过来促进科技的进一步革新。这种相互推动的关系使得变化成为一种常态。无论是个人还是组织，都必须适应这种变化，否则就会被淘汰。正如古人所言："天下大势，浩浩荡荡，顺之者昌，逆之者亡。"面对这种必然的趋势，我们应该以开放的心态接受变化，以积极的态度应对挑战，从而更好地适应不断变化的社会环境。

重塑自我，拥抱变化的未来

在生活和工作中，我们经常会面临各种变化和挑战。这些变化可能来自外部环境，如市场趋势的变动、技术的快速发展等；也可能来自内部，如个人目标、兴趣或职业道路的转变。在这些变化面前，如何通过重塑自我提高灵活性和适应性，成为我们获取成功的关键因素。

我们要保持敏锐的洞察力。我们必须时刻关注外部环境的变化，了解社会的动态和趋势，这样不仅能帮助我们预见到未来可能的机遇，还能使我们提前规避潜在的风险，以便及时调整自己的策略和行动，这直接关系着我们能否在竞争中保持优势。

我们要积极学习和适应。在不断变化的世界中，新的知识和技能层出不穷。为了跟上这种步伐，我们必须保持一颗持续学习的心。通过阅读书籍、参加培训或网络学习等方式不断充实自己，提高自己的适应性。同时，我们还需要学会适应新的角色和职责。当工作内容或职位要求发生变化时，我们需要调整自己的心态，积极接受新的任务和挑战，以便更好地发挥自己的优势和潜力。

我们要有勇气尝试和创新。拥抱变化不仅仅意味着要接受现状，更意味着要勇于挑战未知。我们要敢于尝试新的事物，也要勇于面对失败和挫折。因为只有经过不断的尝试和实践，我们才能发现新的机遇和可能。同时，创新也是应对变化的重要手段。我们应该保持对创新的敏感度和好奇心，不断思考如何改进现有的工作流程和方法，以提高工作效率和质量。

我们要保持乐观和自信。当面对变化和挑战时，我们应该保持乐观和自信的态度，避免焦虑和不安，要相信自己有能力面对任何困难，这样我们才能够更好地应对变化带来的挑战。我们要相信自己的能力和潜力，相信未来会有更好的机遇和可能。这种乐观和自信将激励我们勇往直前，不断追求更高的目标。

我们要学会与他人合作和沟通。处在复杂多变的环境中，我们往往需要与他人携手共同面对挑战和困难，如家人、朋友或同事。因此，我们需要学会与他人合作，共同解决问题。同时，我们还需要培养自己的沟通能力，及时与他人分享自己的想法和观点，以便实现更好的协作和配合。

总之，“拥抱变化”是我们适应现代社会的重要能力。我们在面对变化时，应该像水一样，保持柔韧性和适应性。变化也许会带来挑战和困难，但只要我们拥有开放的心态，敢于尝试和创新，就能够找到应对变化的方法，发现新的机遇和可能，实现自我超越，最终创造出属于自己的精彩人生。

第二章

思维变通：破旧立新，思维转弯

人生之路并非坦途，我们总会遇到各种各样的挑战和障碍，它们如同一座座高山，阻挡了我们前行的步伐。然而，正如水流遇到礁石会选择绕道而行，思维在面对困境时也应学会变通。思维变通，不仅仅是一种解决问题的方法，更是一种生活的智慧。

当我们遭遇困境时，固化的思维往往会使我们陷入僵局，此时只有打破常规，转变思维方式，才能找到新的出路。思维变通能够帮助我们打破思维定式，激发创新灵感，让我们在解决问题时能够有更多的选择和更广阔的视野。思维变通要求我们保持一颗开放的心，勇于接受新的想法和观念，敢于挑战权威，敢于质疑传统，敢于走出舒适区，去探索未知的世界。

» 别老想着“就应该这样”，试试“也可以那样”

人生之路，漫长而又曲折。人们总是习惯于按照既定的规则和模式去生活，仿佛只有这样才是正确的、安全的。然而，这种“就应该这样”的思维方式，往往会让我们陷入一种单调乏味、缺乏创造力的生活状态中。

在我们的成长过程中，无论是家庭、学校还是社会，都在潜移默化地为我们灌输着种种“应该”的观念。我们被告知应该这样做，应该这样想，仿佛只有这样才是正确的，才是符合规范的。这种思维定式就像一堵墙，大大限制了我们的想象力和创造力。

当我们面对挑战或难题时，不妨先放下固有的观念。当我们不再局限于“就应该这样”的思维方式，而是勇敢地尝试“也可以那样”时，我们将会拥有更加广阔的视野和更加灵活的思维，才能够更好地应对这个复杂多变的世界。

我们真的“就应该这样”吗？

在一个森林里，住着一群古怪的动物。它们习惯了每天按照相同的路线行走，吃同样的食物，进行相同的活动。它们中有一只老猫头鹰，名叫格雷哥，特别喜欢坚持固有习惯。

有一天，格雷哥和其他动物在讨论各自的习惯。大象说：“我们每天都要走这条路线，因为这条路线是最安全的。”兔子接着说道：“吃胡萝卜是因为对我们身体最好。”老猫头鹰格雷哥听了，点了点头说：“是的，就应该这样。”

然而，小狐狸却好奇地问道：“但如果我们试试别的路线呢？也许会有更有趣的地方。”大象摇摇头：“不行，这条路线是最安全的。”兔子也加入道：“胡萝卜对我们的身体最好。”

格雷哥看着他们，再次点了点头：“对，就应该这样。”小狐狸感到有些失望，但并没有放弃自己的想法。

有一天，森林中突然下了一场大雨，把常规路线都淹没了。动物们陷入了困境，不知道该怎么走了。大象说：“这可怎么办呢？我们只能等水退了再走原来的路线。”兔子也很焦虑：“但是我们的胡萝卜都在那边。”

就在这时，小狐狸提出了一个新的建议，它们可以尝试去寻找森林的另一条小路。格雷哥却固执地认为它们一直走这条常规路线，就应该继续这样走，但其他小动物决定和小狐狸一起寻找其他小路。

结果，它们发现了一条更短、更快的路线，也发现了更多新鲜的食物。从那以后，动物们学会了不再固守“就应该这样”的思维定式，而是敢于探索新的可能性。

老猫头鹰格雷哥也明白了，敢于打破常规、勇于尝试可能会带来更好的结果。它也学会了尊重和倾听其他动物的建议，而不是仅仅坚持自己的固有观点。森林里的每个动物，从那天起，都变得更开放、更勇敢。

这个故事让我们不禁扪心自问：真正的人生，难道只能沿着一条预定的轨迹前行吗？难道只能有一种色彩、一种节奏、一种答案吗？难道不能有更多的可能、更多的选择、更多的自由吗？

当然不是。思维定式只会导致我们陷入认知偏见。当我们坚信某种方法或观点“就应该这样”的时候，我们可能会不自觉地排斥其他不同的声音和观点，从而限制了我们对问题的全面认识。这种偏见不仅会影响我们的决策质量，还可能阻碍我们与他人的有效沟通。当我们勇敢地打破那些自我设定的框架，尝试用“也可以那样”的视角去审视自己和世界，我们或许会惊讶地发现，原来自己的人生可以如此丰富多彩、如此广阔无垠。

人生的美好往往隐藏在那些不被注意到的角落，隐藏在那些“也可以那样”的尝试中。正如那句老话所说，“不走寻常路，才能看到不一样的风景”。

不妨试试“也可以那样”

正如一位哲人所说：“世界上没有绝对的真理。”而“也可以那样”的思维方式，正是我们探索和追求的源泉。它让我们看到更多的可能性，让我们勇敢地去追求自己的梦想和目标。

打破思维定式，不仅意味着在认知层面上的革新，更代表着在生命实践中的积极跨越。人生不应该是一条狭窄的直线，而应该是一片广袤的天地，等待我们去探索、去体验。我们要勇敢地迈出那一步，离开安逸的舒适区，去尝试那些从未涉足的领域。这样做，也许我们会发现一个全新的自己，一个更加多彩的自己。每一次的尝试，都是对生命界限的一次勇敢挑战，也是对自身潜能的一次深刻挖掘。通过培养思维变通能力，我们可以打破固有的思维定式，发现更多可能的解决方案，并更好地适应不断变化的环境。

人生没有既定的剧本，也没有固定的模板，每个人都是独一无二的个体。只要我们愿意，我们每个人都可以成为自己生活的主宰，创造出属于自己的精彩篇章。当我们继续走在“也可以那样”的道路上时，我们会发现，这种思维方式和生活态度，其实是一种对生活的热爱和尊重。它让我们明白，人生并不是一成不变的，而是充满了变化和挑战。我们只有敢于面对这些变化和挑战，敢于尝试新的事物和新的方式，才能真正地活出自己，实现自己的价值。

所以，别老想着“就应该这样”，试试“也可以那样”吧！毕竟，人生不是一场按照既定剧本上演的戏，而是一次充满无数可能的冒险。在这场冒险中，只有敢于尝试、敢于变通的人，才能收获更多的精彩和成功，找到属于自己的那片天空，实现自己的梦想和目标。

» 碰壁反思，转弯遇见新风景

人生之路，如同一条小径，有时宽敞平坦，有时却崎岖难行。我们在这条路上行走，总会遇到各种阻碍与困境，仿佛被无形的墙壁阻挡，使我们无法前行。然而，正是在碰壁之时，我们才更需要学会变通，转弯才能遇见新风景。

在这个复杂多变的世界中，人们常常因坚守固有的思维模式而陷入思维的困境。面对熟悉的环境与挑战，我们习惯于沿着既定的路径前行，却忽略了转弯的可能性。当遭遇碰壁时，焦虑与迷惘便会涌上心头，让人无所适从。然而，换个角度思考，碰壁何尝不是一次重新审视自我、调整方向的机会呢？

碰壁反思，学会转弯，是我们在面对困境时需要具备的一种人生智慧。它要求我们突破传统的思维框架，勇于尝试与探索新方法和新策略。当我们学会转弯，便能发现原本看似无解的问题，其实有着千百种解决之道。

碰到南墙回个头

碰壁，其实是人生给予我们的一次反思与成长的机会，它让我们明白，世界并不总是按照我们的意愿运转。正所谓："山不转水转，路不转人转。"人生之路并非坦途，我们总会遇到磕磕绊绊。有时，我们会因为固执己见、一成不变而陷入困境，甚至一蹶不振。当我们遇到困境时，与其一味地撞向那堵无形的墙壁，不如自我反思。

然而，仅仅停留在反思的层面是不够的。我们需要将反思转化为行动，学会及时转弯。转弯，并非简单地改变方向，而是需要我们摒弃旧的思维定式和行为习惯，正视自己的不足，调整自己的思维方式，学会变通，走出舒适圈，寻找另一条路。有时，转弯并不是逃避，而是为了更好地面对问题，发现更广阔的天地。

转弯，并非意味着退缩或妥协，而是一种经过深思熟虑后的智慧选择。在人生的道路上，有太多的未知与变数，固守一条路径往往只会让我们陷入僵局。当我们选择转弯时，就意味着我们放下了固执，努力去探索和开拓另一条全新的道路。这种可能，或许起初并不那么明显，但只要我们敢于迈出那一步，新的风景便会展现在眼前。

当然，转弯并非意味着毫无原则地随波逐流。在人生的道路上，我们需要保持自己的独立思考和判断力，观察四周的环境变化，明确自己的目标和方向，以便在适当的时机作出调整。这种灵活应变的能力，正是我们在碰壁时最宝贵的财富。当我们学会转弯，便能发现那些隐藏在角落里的新风景，领略到人生的无限可能。

在这个瞬息万变的时代里，我们需要学会变通，才能更好地适应环境，抓住机遇。正如那句古诗所说："山重水复疑无路，柳暗花明又一村。"当我们遇到困境时，不妨换个角度思考，或许就能找到通往成功的另一条路。转弯并不意味着背离初衷，而是为了更好地坚守初心。在转弯的过程中，我们或许会暂时迷失方向，但只要我们坚定信念，不忘初心，就一定能够找到属于自己的那条路。

勇敢转个弯，遇见新风景

转弯遇见新风景，是思维变通带来的美好结果。当我们学会变通时，我们会发现原来看似无法逾越的障碍其实只是暂时的困境；我们会发现原来认为不可能实现的目标其实只是我们未曾尝试过的可能性。在转弯的过程中，我们不仅能够摆脱困境，还能发现更多的机会和可能。这些新的风景让我们眼前一亮，让我们对生活充满信心和期待。

每一次的转弯，都可能引领我们走向一个全新的世界。这个全新的世界里或许有着我们从未想象过的色彩与景致。这一切，都源于我们愿意在碰壁时停下脚步，愿意放下固有的思维模式，去尝试一种新的可能。

碰壁与转弯，如同人生中的一对矛盾统一体。碰壁让我们认识到自己的局限与不足，而转弯则引领我们走向更为广阔的天地。在这个过程中，我们不仅仅会遇见新的风景，更会遇见一个更加成熟、更加睿智的自己。因为我们学会了如何在困境中寻找出路，如何在碰壁后重新站起来，如何在转弯后发现新的世界。

然而，学会转弯，需要我们付出努力和时间，需要我们不断尝试和坚持。在这个过程中，我们可能会遇到更多的困难和挑战，但只要我们保持坚定的信念和积极的心态，就一定能够成功转弯，遇见新的风景。

同时，我们也要明白，转弯并不是一种天赋或特权，而是每个人都可以通过努力和实践获得的能力。只要我们勇于面对挑战，敢于尝试新事物，善于从失败中吸取教训，我们就能够不断提升自己的思维变通能力，成为更好的自己。

碰壁反思、学会转弯，不仅是一种积极的人生态度，更是一种独特的生活智慧。在人生的道路上，我们都是旅行者，也是探索者。每一次的碰壁反思都是我们对未知世界的一次深入探索，每一次的转弯都是我们对人生意义的一次深刻领悟。正是这个过程让我们不断成长和进步，让我们的人生之路更加精彩和充实。

» 逆向思维，从问题的反面找答案

在这漫长的旅途中，我们常常会遇到各种难题，当正面久攻不下时，就需要换个思路，尝试逆向而行，从问题的反面去找答案。这就是逆向思维，它就像一把神奇的钥匙，在正面进攻毫无效果时，使用它却能意外打开许多看似无解的门。

逆向思维，即摆脱常规思维的束缚，从与其相反的视角去审视和分析问题，以寻找新的解决方法。在日常生活和工作中，我们往往习惯于遵循既定的规则和模式来解决问题，然而有时这种常规思维会限制我们的视野和思路。逆向思维作为一种独特的思维方式，犹如一道明亮的光线，指引我们穿越复杂的思维迷宫。

跳出盒子看世界

在一个王国里，有一位国王，他非常喜欢充满挑战和智慧的游戏。有一天，他召集了全国最聪明的智者们，宣布了一项挑战：谁能提出一种出人意料却有效的解决方案来解决一个棘手的问题，就能获得丰厚的奖赏。

国王提出的问题是关于一座桥的。那座桥是通往王国北部的唯一通道，桥梁狭窄，车辆每次只能单向通过，导致频繁地出现交通堵塞。国王希望智者们能找到一种方法，在不扩宽桥梁的情况下，解决交通拥堵的问题。

许多智者提出了各式各样的建议：有的建议设立交通灯控制通行，有的建议安排专门的调度员，还有的建议修建临时便道。然而，这些建议都被国王否决了。

就在众人一筹莫展时，一位年轻的学者走上前来。他名叫亚历克斯，以独特的思维方式闻名。亚历克斯沉思了片刻，然后对国王说："陛下，我有一个看似奇怪但可能有效的建议。"

国王好奇地问："说来听听。"

亚历克斯回答道："我们一直在考虑如何让更多的车辆通过桥梁，但或许我们应该反过来思考，禁止所有车辆通行。"

在场的人都惊讶地看着亚历克斯，有人甚至认为他在开玩笑。但亚历克斯解释道："我的意思是，我们可以在桥的两侧建立停车场，只准过行人，这样不仅能减少桥上的车辆数量，还能确保交通的顺畅。"

国王听后眼前一亮，立刻命令按照亚历克斯提出的方案实施。几周后，新的规则实行，效果显著。

在面对一些复杂的社会问题时，我们往往习惯于从问题的表面现象出发，寻找直接的解决方案。然而，很多时候这些表面现象只是冰山一角，真正的根源可能隐藏在更深层次的社会结构和文化观念中。此时，逆向思维能够帮助我们深入剖析问题的本质，从根源上找到那些隐藏在传统思维之外的答案。正如亚历克斯所展示的，有时真正的智慧在于敢于打破常规，反其道而行之。

翻转视角，跳出盲区

世间万物，阴阳互根，正反相成。正如黑夜之后必然是黎明，失败背后往往也隐藏着成功的契机。在困境中，人们往往习惯于顺着既定的思路去寻求出路，但这样容易陷入思维的死胡同。当遇到难题时，我们不妨先放下传统的解决方式，尝试从另一个角度审视，也许会发现意想不到的解决方法。古曰:“反其道而行之。”若能逆向思考，或许能拨云见日，找到问题的症结所在。

逆向思维，并非一种逃避，而是一种智慧。它是从问题的反面或对立面出发去寻求新的思路，是对传统思维模式的一种颠覆。当我们身处逆境，从正面突破无望时，何不尝试逆向而行，或许能发现一条新的出路。

在这个世界上，没有什么是恒定不变的。这种持续的变化要求我们具备一种核心能力——创新，这样我们才能在面对变化时保持灵活的应变能力。而逆向思维，正是创新的源泉之一。常规思维往往让我们陷入固定的思维框架中，限制了我们的创造力。逆向思维可以打破这些框架，让我们看到更广阔的世界。在生活和工作中，我们应该积极培养和应用逆向思维，以更加开放、灵活和创新的思维方式去面对挑战和解决问题。

那么，如何培养逆向思维呢？首先，我们需要敢于挑战常规思维。常规思维虽然稳定可靠，但也可能束缚我们的创新思维。因此，我们要勇于打破常规，尝试从不同的视角去审视问题。其次，我们需要具备换位思考的能力。站在他人的角度思考问题，有助于我们更好地理解问题的本质和需求，从而提出更具针对性的解决方案。最后，我们需要保持开放的心态和理性的态度。对于新的想法和观点，我们要保持开放的心态，勇于尝试和实践。同时，我们也要以理性的态度去分析和评估这些想法的可行性和有效性。

当然，逆向思维并非万能之策，它也有其局限性和风险性。在运用逆向思维时，我们需要充分考虑到问题的实际情况和背景，确保我们的思考是基于对问题的深入理解和全面分析的。同时，我们也需要保持谨慎和持重的态度，避免因为过度追求创新而忽视问题的本质和实际情况。

逆向思维，是一种思维的革命，也是一种生活的艺术，它让我们看到了那些被忽视的可能性。当我们遇到难以解决的问题时，不妨试着转变思维，用逆向思维去思考，不拘泥于传统的解决方案，而是尝试去寻找那些与众不同的方法，避免被固有的观念和偏见束缚。

» 一题多解的创新之道

面对人生的难题，有人勇往直前，以毅力和智慧为武器，攻坚克难；有人则善于迂回，寻找新路径以达到目标。这种思维的变通性，正是我们在人生旅途中不可或缺的宝贵品质。思维变通是一种重要的思维能力，它要求我们在面对问题时，不囿于固定的思维模式，不拘泥于传统的解决方案，而是尝试从不同的角度去思考，并寻找更多的可能性。

人生，就如同一道复杂多变的题目，摆在每个人的面前，其中蕴含的未知与变数，如同迷雾中的风景，引人探寻。在这漫长的解题过程中，我们时常会为难题所困。然而，正是这些挑战，磨砺了我们的意志，也激发了我们的思维火花。

人生选择题，解法千千万

人生难题，并非只有一种解法，当我们学会思维变通，勇于创新，便能够探寻到一题多解的创新之道，获得更精彩的人生。

一题多解，需要开阔眼界，不拘泥于常规思维。常言道：“山重水复疑无路，柳暗花明又一村。”在困境中，我们往往被既定的思维框架束缚，难以窥见更广阔的天地。若我们敢于跳出常规，以全新的视角审视问题，或许便能发现那隐藏的解题之道。正如数学家们面对难题时，常常能够从不同的角度入手，从而找到多种解法。人生亦如此，只有敢于突破自我，方能开创出一片新天地。

一题多解，还需勇于尝试，不怕失败。创新之路，从非坦途。在寻找解题之道的过程中，我们常常会遭遇各种挫折、经历多次失败。然而，失败并不可怕，真正可怕的是我们失去了再次尝试的勇气和信心。每一次的失败，都是我们迈向成功的必由之路。只有不断尝试，不断总结经验教训，我们才能逐渐接近最终答案。

一题多解，更需保持一颗好奇之心。好奇心犹如创新的火种，可以点燃我们的探索欲，驱使我们不断前进。面对人生的难题，我们应保持一颗好奇之心，勇于探索未知领域，寻找新的解题思路。正如那些杰出的科学家和发明家们，他们之所以能够取得非凡的成就，正是因为他们对知识和未知世界充满了渴求与热爱。

一题多解，不仅仅体现了我们在解题时的创新思维，更是一种积极面对生活的人生态度。它告诉我们，在面对困境时，我们不应被固定的思维模式束缚，而应敢于突破、勇于尝试、保持好奇心。只有这样，我们才能在人生的道路上勇往直前，创造出属于自己的精彩人生。

条条大路通罗马

一题多解的创新之道，犹如那繁星点点的夜空，指引着我们在茫茫人海中寻找属于自己的答案。这不仅仅是一种解决问题的方法，更是一种生活智慧，一种对未知世界永不停息的探索。

一题多解，意味着我们要拥有灵活的思维，像流水一般，随遇而安，遇山则绕，遇石则穿。人生的道路，总是充满了曲折与坎坷，我们不能因为一时的困难就停滞不前，更不能因为一种方法的失败就轻言放弃。相反，我们应该以乐观的心态，去尝试各种可能的解决方案，去寻找那些隐藏在角落里的机遇。

一题多解，也代表着我们要有宽广的胸怀，去接纳不同的观点和想法。在这个多元化的世界里，我们每个人都有自己的思考方式，以及独特的人生观、价值观。我们不能因为别人的观点与我们不同，就轻易地否定他们。相反，我们应该学会倾听、学会理解，从他们的角度去看待问题，从而得到更多的启示和灵感。

一题多解，更是一种对自我能力的挑战和提升。在寻找解题之道的过程中，我们不仅要学会运用已有的知识和技能，更要学习和掌握新的知识和技能。只有持续努力学习，我们才能不断实现自我超越，冲击更高的目标。

人生不是一成不变的，它就如同一场大考，每一道题目都是对我们能力的考验。而一题多解的创新之道，则是我们应对这些考验的最佳武器。让我们以开放的心态、勇敢的精神和不懈的努力，去迎接人生中的每一个挑战，去创造属于自己的精彩人生。

一题多解的创新之道，不仅仅是一种独特的思维方式，更是一种积极的生活态度，也是一种对未来无限可能的期待。它鼓励我们勇于创新，敢于挑战，去探索更多的可能性。只有这样，我们才能够在人生的道路上不断前行，实现自己的梦想和目标。

第三章

行动变通：别在一棵树上吊死

在生活的迷宫中，我们时常为一种“执着”所困，仿佛被无形的绳索牵引，紧紧依附于某一棵看似繁茂的树上。这种“在一棵树上吊死”的心态，只会限制我们的视野，束缚我们的行动，使我们错失更多的良机。因此，学会行动变通，拓宽我们的道路，是我们走向成功不可或缺的能力。

“别在一棵树上吊死”不仅仅是一句劝诫，更是一种生活态度。它鼓励我们不再拘泥于固有的模式和方法，而是能够灵活地调整自己的行动策略，寻找新的解决方案。它要求我们拥有敏锐的洞察力和果敢的行动力，敢于挑战未知，勇于尝试新事物。

» 灵活选择，人生路上的多选题

人生，如一幅绚丽多彩的画卷，每个人都是自己命运的主宰，手中握着画笔，在生活的画布上勾勒着属于自己的色彩。在这条漫长的旅途中，我们面临着无数的选择，它们如同一个个多选题，让我们以灵活的思维和坚定的决心去作答。

生活中，我们常常会遇到“非此即彼”的选择困境，似乎只有两条路可以走。但实际上，如果我们能够拓宽视野，就会发现其实人生中的选择远不止两个。生活并非考试，没有标准答案，每一个选择，都可能成为我们生命中独一无二的风景。在面对困境时，我们要看到更多的可能性，而不是局限于眼前的几个选项。

人生，不止一个正确答案

在人生的道路上，我们常常被各种选择所困扰。是选择安稳的现状，还是追求未知的冒险？是坚守传统的价值，还是拥抱创新的思想？这些多选题，让我们在徘徊中迷茫，在迷茫中探寻。

然而，正是这些多选题，让我们学会了变通。变通，不是对选择的逃避，而是对选择的尊重。它让我们明白，人生并非只有一条道路可走，每一个选择，都有其独特的价值和意义。在纷繁复杂的世界中，我们需要找到属于自己的位置。人生不止一个正确答案，当我们看透人生这道多选题，我们就能够更加从容地面对生活的选择，更加坚定地走向自己的未来。

曾经听朋友讲，他的一位同学，大学学的心理学专业，在毕业后多次求职未果，于是毅然决然转向了电脑行业，周围的人都不理解，觉得心理学与电脑行业，完全是风马牛不相及的方向，所有人并不看好，然而他的同学如今已经拥有了几家公司。

还有我的一位邻居，是个工程造价师，后因工伤赋闲在家，有一天他突然告诉家人要去卖馒头，结果遭到了全家人的反对，但他还是坚持开了馒头坊，后来他的馒头生意逐渐红火起来，还开了多家分店。

在人生的十字路口，很多人都认为选择一条既定的路走下去才是正确的，但人生是个多选题，每一个选择都是一次生命的绽放，都是一次人生的精彩，我们要敢于放弃那些看似正确的选项，敢于追求自己内心的真实。它让我们明白，真正的成功不是选择了多少条道路，而是选择了最适合自己的那条道路。

在人生的道路上，我们总是要面临各种选择。有些选择看似简单，实则复杂；有些选择看似复杂，实则简单。但无论面对何种选择，我们都应该保持一颗变通的心，用智慧去选择、用勇气去坚持。

每次选择都是一次大冒险

人生中的每一个重要节点，选择时都要经历纠结与挣扎。小时候，我们选择玩伴、选择兴趣；长大后，我们选择职业、选择伴侣；再后来，我们选择生活的方式、选择心灵的寄托。这些选择看似简单，实则每一次都是生命的大冒险，都承载着深厚的意义。

面对人生的多选题，我们首先要明确自己的价值观和人生目标。一个人的价值观决定了他会如何看待世界和自己，而人生目标则是我们前进的指南针。只有明确了这两点，我们才能在做选择时有一个清晰的方向，不至于迷失在纷繁复杂的选项中。

然而，明确价值观和人生目标并不是一件容易的事。它需要我们去反思、去探索、去实践。在这个过程中，我们可能会遭遇挫折，可能会感到迷惘，但正是这些经历塑造了我们的人生观，使我们在面对选择时更加坚定和从容。

在作出选择时，我们还需要学会权衡利弊。每个选择既有优点也存在不足，达不到绝对的完美。我们需要根据自己的实际情况和需求，权衡各种因素的利弊，作出最适合自己的选择。这就需要我们具备一种理性的思维方式和全面的分析能力。

除了理性分析，我们还需要倾听内心的声音。有时候，我们的直觉和感知会告诉我们哪个选择是正确的。这并不是一种盲目的冲动，而是我们内心深处的渴望和向往。学会倾听内心的声音，可以帮助我们更好地认识自己，找到真正适合自己的道路。

人生的多选题没有固定的答案，每个人的选择都是独一无二的。然而，无论我们作出怎样的选择，都需要具备一种灵活的思维和坚定的决心。灵活的思维让我们能够抓住机遇，应对挑战；坚定的决心让我们能够勇往直前，无所畏惧。

当然，作出选择并不意味着一切就此结束。人生是一个不断选择和调整的过程。我们需要不断调整自己的方向和目标。这种灵活性和适应性是我们在面对多变的人生环境时所必须具备的。

当我们站在人生的十字路口时，不妨放慢脚步，深吸一口气，静下心来思考自己的选择。我们要明确自己的目标和方向，全面了解自己的优势和不足，这样才能作出最适合自己的选择。同时，我们也要学会在选择中保持一颗平常心，不要纠结过去，而是要勇敢地面对未来的挑战。

» 计划赶不上变化？那就变通一下

古人云:“凡事预则立，不预则废。”然而，这世间的万象，又有多少能完全按照我们的计划而行呢？正所谓:“兵无常势，水无常形。”在这变幻莫测的世界里，生活之舟常常因风浪而偏航，计划似乎总也赶不上变化。面对这无常的变幻，我们该如何自处？答曰：变通一下，方能乘风破浪，抵达梦想的彼岸。

水因地而制流，兵因敌而制胜

我们都曾有过这样的经历：满怀信心地制订了一个完美的计划，从时间管理到资源分配，从目标分解到步骤实施，无不精细入微，希望一切都能按照自己的设想顺利进行，然而在实施过程中，却总是会遭遇种种意想不到的变化。

这些变化，或许是工作的变动，或许是家庭的变故，又或许是突如其来的健康问题，这些变化像一场场突如其来的暴风雨，将我们原本平静的生活搅得翻天覆地。此时，我们不禁要问：为什么计划总是赶不上变化？

计划是死的，人是活的。当计划遇到阻碍时，不必强求“原路”，而是要学会变通，让计划为我们服务，而不是束缚我们。真正的智者在计划遇到“不测”时，懂得变通。因为他们明白，计划只是我们心中的蓝图，而生活才是真实的画卷。当计划遭遇变化时，他们不会固执己见，而是审时度势，灵活应对。

正如古人所言："水因地而制流，兵因敌而制胜。"当计划遭遇阻碍，当目标变得遥不可及，我们需要做的不是抱怨命运的不公，也不是沉溺于失败的痛苦，而是拥有一颗平和的心态。我们要知道，每一次变化都如同一扇新的大门，既带来了未知的机遇，也伴随着新的挑战。面对这些变化，关键在于我们如何调整自己的心态和应对策略。只要我们保持冷静、乐观的心态，就一定能找到解决问题的办法。

学会变通，以变应万变

计划，如同悬挂在天边的北斗，为我们指明方向；变化，则如那飘忽不定的云，时而遮挡星光，时而又随风而散。计划赶不上变化是生活的常态，因为生活本身就充满了各种变数，我们无法准确预知未来，更无法掌控所有的变数。

当计划被变化打乱时，我们可能会感到迷惘、焦虑甚至绝望。然而，这并不意味着我们应该放弃计划，任由生活随波逐流。相反，正是这些变化让我们有机会重新审视自己的目标和行动方案，找到新的发展路径。我们应该正视变化，学会在变化中寻找机遇，让计划更好地服务我们的生活。

首先，我们要明白计划并非生活的全部。计划可以为我们提供方向和目标，但生活却是由无数个瞬间组成的。这些瞬间充满了各种变数，也正是这些变数让生活变得丰富多彩。因此，我们不应该过分依赖计划，而应该学会欣赏生活中的每一个瞬间，珍惜每一次经历。

其次，我们要学会适应变化。当计划遭遇变化时，我们应该保持冷静和理智，不要惊慌失措。我们要相信自己的能力和智慧，勇敢地面对变化带来的挑战。同时，我们还要善于从变化中寻找机遇，调整自己的计划，让计划更好地适应现实。只有这样，我们才能在变化中不断成长和进步。

在适应变化的过程中，我们还需要保持一种积极的心态。我们要相信，每一个变化都是一个新的开始，都蕴含着无限的可能。我们要用积极的心态去面对生活中的变化，用乐观的态度去迎接每一次挑战。只有这样，我们才能在变化中保持信心和勇气，不断追求自己的梦想和目标。

最后，我们还要学会变通。变通是一种智慧，也是一种能力。它要求我们在坚守原则的基础上，灵活调整自己的策略和方法。当我们发现计划无法适应现实时，我们要敢于打破常规，尝试新的方法和途径。只有这样，我们才能在变化中找到新的出路，实现自己的目标。

变通并不意味着我们要放弃原则和目标，而是要在坚守初心的基础上，寻找更适合自己的道路。我们要明白，每个人的生活轨迹都是不同的，没有一种通用的模式可以适用于所有人。因此，我们要根据自己的实际情况，制订适合自己的计划，并在实施过程中不断变通和调整。

“计划赶不上变化”或许是人生的常态，但只要我们学会变通，就能够在这无常的变幻中，找到属于自己的节奏和旋律。在“计划赶不上变化”时，切勿气馁，更不要轻言放弃，我们要相信自己的智慧和能力，用变通的心态去灵活应对生活中的每一次挑战。这样，我们的人生之路才会更加宽广、更加精彩！

» 善于借势，乘风破浪

古人云:“好风凭借力，送我上青云。”此语道出了借势之妙，也揭示了人生走向成功的一大秘诀。在波澜壮阔的人生海洋中，每个人都是一叶扁舟，或随波逐流，或乘风破浪。而智者，则懂得善于借势，用最小的力量，实现最大的目标。

借风之势，扶摇而上

何为“借势”？在《太极拳论》一书中，提到了“四两拨千斤”的技巧，这“借势”便是其精髓所在。它不是简单的依赖，而是一种智慧，一种能够洞察时机、利用外部条件来增强自身力量的能力。它要求我们审时度势、洞察先机，于细微处见真章。正如那乘风而起的鲲鹏，若无风起，岂能扶摇直上九万里？又如那顺水行舟的旅者，若无水势，岂能一日千里？因此，“借势”是把握时机、顺势而为的智慧之举。

回看历史长河，成就丰功伟绩的英雄往往是懂得借势的。诸葛亮“草船借箭”，借的是东风之力，成就的是赤壁之战的辉煌；刘备“三顾茅庐”，借的是诸葛亮之智，奠定的是蜀汉的基业。

他们懂得借势，因势利导，最终在这片大地上留下了属于他们的传奇与伟业。在商业的世界中，许多成功的企业家都是借势的高手。他们会敏锐地捕捉市场的动态，顺应时代的潮流，从而将自己的事业推向新的高度。比如，随着互联网的兴起，许多传统行业开始通过线上线下相结合的方式，打开了新的市场空间。这就是一种典型的借势行为，它不仅可以帮助企业快速适应市场的变化，还可以在竞争中占据有利的地位。

然而，借势并非易事。它需要我们能够把握机遇，不畏艰难；更需要我们有宽广的胸怀，能够借助他人的力量。正如一棵大树，若无土壤之滋养、阳光之照耀、雨露之滋润，岂能枝繁叶茂、参天耸立？

借势是成功的关键，但仅有借势还不足以让我们走向成功，我们还需要具备乘风破浪的勇气。这种勇气来源于对目标的坚定不移，即使面对诸多困难，也决不退缩。如此，我们才能在人生的道路上披荆斩棘，勇往直前。

当然，借势并非万能。在借势的同时，我们仍需保持自己的独立思考和判断能力。否则，盲目借势只会让我们迷失方向，随波逐流。所以，我们在借势中要不断反思，不断调整自己的方向与策略。

借势之智，成就之道。在人生的道路上，我们要学会借势、善于借势，用好借势的智慧和力量，在这个日新月异、风起云涌的时代里，乘风破浪、勇往直前。

破浪前行赢未来

借势之道，虽智慧且深邃，但并非遥不可及。古人云："知彼知己，百战不殆。"了解自我，洞察他人，方能更好地借势而为。

借势需知彼知己。借势需知己，了解自己的长处和短处，明确方向和目标，才可以更好地确定借势方向。若是不知己，盲目借势，便如无头苍蝇，四处碰壁，终难成就大事。借势也需知彼，了解他人，洞察环境，是借势成功的关键。正如古人所言："天时不如地利，地利不如人和。"善于观察和分析，就能够发现身边的机遇，借助他人的力量，共同成就大业。

借势需有恒心。借势之路，往往充满艰辛和挑战。只有持之以恒，方能见成效。滴水穿石，非一日之功；铁杵磨针，非一日之力。只有持之以恒地借势，才能在人生的道路上越走越远。

借势的前提是洞察机遇。我们需要时刻保持敏锐的洞察力，关注社会、经济、科技等方面的动态，发现潜在的机遇。同时，我们还要学会分析这些机遇的可行性和风险性，确保自己能够抓住真正有价值的机遇。

借势的关键是整合资源。我们周围的资源往往包含人脉、资金、技术和信息等各个方面。通过整合这些资源，形成合力，可以更好地应对挑战，实现自己的目标。

借势需借助他人力量。在借势的过程中，我们还需要学会借助他人的力量，但这并不是要我们完全依靠他人，而是互帮互助、取长补短。通过与他人合作、交流、学习，我们可以不断提高自己的能力和水平。

借势需灵活应对。在借势的过程中，我们还要保持灵活性。因为机遇和资源都是动态变化的，我们需要根据实际情况及时调整自己的策略和方向。只有这样，我们才能在不断变化的环境中保持竞争力。

人生如同一场航行，有时需要逆流而上，有时需要顺流而下。关键在于如何巧妙地借助外部的力量来增强自身的动力，达到更远的彼岸。在快速发展的今天，单打独斗已经不再是主流，团队合作、资源整合、因时而动、互利共赢已然成为时代的主题。借势，不仅是一种策略，更是一种态度，一种与时俱进、不断学习的态度。

» 权衡利弊，遇强避锋芒

人生如棋，落子无悔。在这盘棋局中，我们既是棋手，也是棋子。每走一步棋，都需权衡再三、三思而行，方能倍道而进。面对强敌，暂避其锋芒，则是一种智慧、一种策略，更是一种成功的秘诀。

识时务者为俊杰

不管是在生活中，还是在工作中，我们经常会面临多种选择。有些选择看似简单，实则暗藏玄机；有些选择看似艰难，却蕴含着无限可能。在茫然无措中，我们如何作出正确的选择呢？这就需要我们学会权衡利弊。

权衡利弊，不是一种简单的比较，而是一种生活的哲学，一种全面且深入的分析。它需要我们对每一个选项进行细致的剖析，了解它们的优缺点，以及可能带来的后果。只有这样，我们才能作出明智的决策，避免一时冲动，盲目跟风。

在前行路上，我们会结交志同道合的朋友，但也会遇到强大的对手。他们或许拥有更多的资源、更高的天赋，抑或更丰富的经验。而面对这样的对手，我们该如何应对呢？是硬碰硬，还是另辟蹊径？

古人云:“识时务者为俊杰。”在面对强敌时，我们应该学会权衡利弊，避其锋芒。但这并不意味着我们要退缩放弃，而是要善于寻找对方的弱点，发挥自己的优势，以巧取胜。正如孙子兵法所云："兵者，诡道也。"战争如此，人生亦是如此。

"权衡利弊"和"遇强避锋芒"并不是孤立的两个概念。它们之间相互联系，相辅相成。只有当我们能够准确地权衡利弊时，才能作出正确的决策；只有当我们可以审时度势、遇强避锋芒时，才可以抢占先机、立于不败之地。

人生如戏，戏如人生。在这场大戏中，我们每个人既是主角，也是编剧。我们可以用智慧和勇气，去创造属于自己的精彩故事。而在这个过程中，"权衡利弊"和"遇强避锋芒"将成为我们最得力的助手。

明智抉择，避强守弱待转机

成功，往往属于那些懂得权衡利弊、遇强避锋芒的人。他们明白，在前行路上总会遭遇挫折与绝境，总会经历失败与坎坷。但他们从不畏惧，因为他们懂得如何调整自己的步伐，如何在逆境中寻找机会。他们知道，只有在权衡利弊、避其锋芒的过程中，才能逐渐积攒起足够的实力，最终走向成功。

"权衡利弊，遇强避锋芒"，是智者处世的智慧。正如古人所说："留得青山在，不怕没柴烧。"只要我们保持坚韧不拔的意志，不断地积累力量，总有一天，我们会迎来属于自己的春天。

《周易·系辞下》中曰："君子藏器于身，待时而动。"遇强避锋芒，并不意味着我们要放弃或逃避困难。相反，它教导我们在面对强大的对手或困难时，要学会冷静分析，寻找最佳的解决方案。有时候，直面对抗并不是最明智的选择，因为那可能会让我们付出巨大的代价，甚至导致失败。

遇强避锋芒，是一种自我保护和自我成长的方式。当我们遇到强大的敌人时，如果一味地硬拼，可能会让自己受到严重的伤害。若是我们能够避开敌人的锋芒，选择更合适的方式去应对，不仅可以保护自己，还可以让我们在应对过程中学习和成长。

在避开锋芒的同时，我们还需要保持一种不断进取的精神。因为避开锋芒并不意味着停滞不前，而是为了积蓄力量、厚积薄发，为下一次的出击做好充足准备。

首先，我们要学会从失败中吸取经验。当我们避开强大的敌人或困难时，不是一味地逃避，而要在这个过程中进行反思和学习。我们要仔细分析失败的原因，找到自身的不足，努力去改进和提升。这样，当我们再次面对类似的挑战时，就可以更加从容和自信。

其次，我们要学会在困境中寻找机会。避开锋芒并不意味着放弃机会，而是要学会在困境中看到希望。有时候，困境正是我们成长和进步的契机。我们要保持敏锐的洞察力，及时发现并抓住这些机会，让它们成为我们成功的垫脚石。

最后，我们还要学会与他人合作。在人生的道路上，我们不可能总是独自面对挑战和困难。与他人合作不仅可以让我们获得更多的资源和支持，还可以让我们在合作中学习和成长。我们要学会倾听他人的意见和建议，尊重他人的选择和决定，为共同实现目标而努力。

在瞬息万变的当下，我们必须时刻保持头脑清晰，不断提升我们的洞察力和敏锐度。我们要懂得如何权衡利弊、何时遇强避锋芒，这样方能稳健前行。让我们铭记这一智慧，用它来指导我们的生活和事业，相信在未来的日子里，我们一定能够创造出更加辉煌的成就。

第四章

人际变通：人情留一线，日后好相见

在纷繁的世间，我们行走于各种人际关系中，彼此间的交往如同一张编织得错综复杂的网。在这张社交网中，蕴含着一种智慧，它教导我们在交往中留下余地，让情感得以延续，让关系得以维持，这便是人际变通的处世哲学。

人际变通，不仅仅是一种沟通技巧，更是一种生活智慧，它告诉我们在与人交往的过程中，要洞察人心，以巧力化解矛盾，与周围人和睦相处。

» 见人说人话，见鬼说鬼话

清代李伯元所作《官场现形记》第38回中写道：“要嘴巴会说，见人说人话，见鬼说鬼话，见了官场说官场上的话，见了生意人说生意场中的话。”在这个繁华的尘世间，我们时常需要扮演不同的角色，说不同的言辞。这并非虚伪，而是一种生活的智慧，一种对世界的尊重。

言语的艺术与人生

《搜神记》中记录着这样一个故事：在南阳，有一个名叫宋定伯的年轻人，在走夜路的时候遇到了一个鬼，鬼看见宋定伯之后，便问他是人还是鬼，宋定伯骗鬼说：“我也是鬼。”于是一人一鬼，就开始攀谈，在聊天的过程中，宋定伯“鬼话连篇”，成功套出了鬼的弱点，最后不但抓住了鬼，还把鬼变成一只羊并将它卖掉。

“见人说人话，见鬼说鬼话”这则古训，不仅仅是一种生存的智慧，更是一种对人性深刻理解后的自我修炼。“见人说人话”，是我们在与人交往中应有的真诚与尊重。每个人都是独立存在的个体，每个人都会有自己的思维、想法和情感需求。在与他人交流时，我们应当以心换心、坦诚相待，尊重对方的观点和感受，用对方能够理解和接受的方式去表达。这样的交流方式，不仅可以增进彼此的了解和信任，还能够让彼此的心灵更加贴近。无论是家人、朋友还是陌生人，我们都应当用一颗真诚的心去对待他们，用暖心的言语去温暖他们。

人生百态，世事无常。有时，我们也会遇到那些“鬼”——也就是那些心术不正、口蜜腹剑的人。面对他们，“见鬼说鬼话”则是一种自我保护的艺术。这里的“鬼话”并非指谎言或欺骗，而是指一种机智的应对，一种巧妙的周旋。通过巧妙的言辞，我们可以有效避免正面冲突，保护自己不受伤害。

但“见鬼说鬼话”并非长久之计。真正的智慧在于，在识破“鬼”的真面目后，我们能够保持内心的坚定与善良，不被外界的邪恶侵蚀。同时，我们也要学会从“鬼”身上吸取教训，学会如何在复杂多变的世界中保持自己的本心与原则，培养并提升自己的甄别能力与综合能力，从容面对每一次意外与挑战。

“见人说人话，见鬼说鬼话”的智慧不仅适用于人际交往，也适用于我们应对生活的各种挑战和困难。当我们遇到挫折和失败时，我们不能被它们击倒，而是要用更加积极的态度去面对它们。我们要相信自己的能力和潜力，坚信自己一定能够战胜这些困难。

当我们学会了“见人说人话，见鬼说鬼话”的人际交往技巧时，我们的人生也会因此变得更加丰富和多彩。我们不再是一个只会用单一方式去应对挑战的人，而是一个能够灵活变通、适应各种环境和人际关系的智者。

策略性对话

“见人说人话，见鬼说鬼话”，需要我们持续学习和实践，不断提升自己的认知能力。只有这样，我们才能够真正掌握这种智慧，让它成为我们人生道路上的指路明灯，指引我们走向更加美好的未来。那么，我们应该如何锻炼这种认知能力呢？

学会观察与分析。与人交往，我们首先要学会观察和分析，通过观察对方的言行举止、穿着打扮、兴趣爱好等方面，来推断其性格特点和需求。同时，我们还需要分析当前的环境和氛围，以便更好地调整自己的沟通方式和策略。例如，在与一个性格内向的人交流时，我们需要更有耐心，给予对方足够的空间和时间来表达自己的想法。而在一个温馨放松的环境中，我们则可以以更轻松、更贴心的态度来提出自己的想法。

锻炼自己的表达能力。在人际交往中，表达能力是至关重要的。我们需要清晰、准确地表达自己的观点和想法，同时也要注意语气和措辞的得体性。只有这样，我们才可以让他人更好地理解我们，建立起良好的关系。若想要锻炼自己的表达能力，我们可以多参加演讲、辩论等社交活动。参加这些活动不仅可以锻炼我们的语言组织能力，还可以为我们积累更多有效经验，增强我们的自信心和应变能力。

培养同理心。在人际交往中，是否具有同理心是获取别人信任的关键所在。当我们可以设身处地地理解他人的感受和需求时，便可以更好地与之交流，建立起深厚的情感联系。为了培养同理心，我们应该多关注他人的情感和需求，尝试从对方的角度思考问题。同时，我们也需要学会倾听和反馈，给予对方足够的关注和支持。

保持开放和包容的心态。当我们愿意接纳不同的观点和想法时，才可以更顺利地与他人进行交流、开展合作。同时，开放和包容的心态还能够让我们更加客观地看待自己和他人，让我们不会过于自满或自卑，而是能够理性地评估自己的能力和价值。

不断学习和成长。在人际交往中，我们需要不断学习和成长。在学习新知识和新技能的过程中，逐步提升自身的实操能力和综合素质。这样不仅能够让我们更好地应对各种挑战和机遇，还可以让我们在人际交往中更加自信和从容。同时，我们也要直面失败，从失败中总结经验与教训，从实战中积累高效经验与专业技能。

在未来的日子里，希望我们都可以成长为既懂得“人语”又擅长“鬼言”的智者。在人生的道路上，我们要既能与人为善、和谐相处，又能识破邪恶、保护自己。如此这般，我们定能在人生的旅途中留下一段段美好的回忆与传奇。

» 以柔克刚，化解矛盾

古人云："水善利万物而不争，处众人之所恶，故几于道。"水，至柔至刚，能穿石破岩，亦能滋养万物。在纷扰复杂的人际往来中，我们时常会遇到各种矛盾和冲突，如何化解这些矛盾，让关系得以和谐，是每个人都需要面对的课题。而以柔克刚，正是化解矛盾的一剂良药。

人际交往，贵在和谐

古有诸葛亮七擒孟获之佳话，正是以柔克刚之典范。孟获作为一方豪杰，屡次与诸葛亮为敌。然而，诸葛亮并未以武力相逼，而是采用攻心战术，七擒七放，最终使孟获心悦诚服，归顺蜀汉。这便是以柔克刚之智慧，以宽容之心化解敌我矛盾。

遥想古人，他们以诗词歌赋为媒，以茶酒为伴，谈笑间便化解了诸多纷争。而今，我们虽身处快节奏的现代社会，但那份以柔克刚的智慧，依然值得我们借鉴和学习。

矛盾，往往以强势的形式出现，它看似坚不可摧，让我们无从下手。但实际上，这看似坚不可摧的矛盾，却会在柔性的力量面前土崩瓦解。因为，柔性并非软弱，而是一种智慧和坚韧。它像水一样，虽然看似柔弱，但可以穿透坚硬的石头，化解一切障碍。

人际交往，贵在和谐。但是，和谐并不是没有矛盾，而是可以正确地处理矛盾。以柔克刚，便是一种处理矛盾的智慧。在与人交往中，要以冷静的态度面对矛盾，以柔和的态度化解矛盾，这样才能正确且顺利地解决矛盾。在矛盾面前，我们若能以柔克刚，以平和的心态去面对，便能化解许多不必要的纷争。

当我们面对他人的强硬态度或冲突时，不妨先冷静下来，以平和的心态去倾听对方的诉求。或许对方的言辞激烈，但只要我们保持冷静，不被情绪左右，就能理智分析问题、解决问题。情绪化的反应往往会加剧矛盾，使问题变得更加复杂。若是我们可以换位思考，以对方的眼光去看待问题，就可以理解对方的反应和感受，这样不仅可以减少误解和偏见，还可以为我们提供更广阔的视野，看到问题的多面性。此时，在理解对方的基础上，我们可以采用柔和的语言和态度来表达自己的观点和感受，避免使用攻击性的言辞和语气。选择平和、宽容的方式表达出自己的想法，不仅能够减少对方的抵触情绪，还能够让对方更愿意倾听我们的意见，从而增进双方的理解和信任。

在化解矛盾的过程中，我们需要坚守自己的原则和底线。当对方的行为触及我们的底线时，我们应以坚定的态度表明自己的立场。然而，这种坚定并非强硬，而是建立在尊重和理解基础之上的一种坚持与不妥协。我们应以平和的心态去表达自己的观点，让对方感受到我们的诚意和决心。这样，即使矛盾依然存在，双方的关系也不会因此破裂。

柔中带刚，化解纷争

在这个快速变化的世界里，我们每天都在与不同的人打交道，无论是亲朋好友还是职场同事，都可能会因为各种原因产生矛盾。这些矛盾有时如同冰山一角，只是表面上的冲突，而实际上却隐藏着深层次的情感纠葛和利益冲突。面对这样的矛盾，我们往往会陷入情绪化的陷阱，以强硬的态度去对抗，结果却适得其反，矛盾反而愈演愈烈。我们应当学会运用“以柔克刚”的策略来应对各种矛盾和冲突，从而建立更健康、更持久的人际关系。

以柔克刚，化解矛盾，需要我们懂得换位思考。当我们站在对方的立场与角度时，就可以充分理解他们的需求和立场，从而更客观、更全面地分析矛盾，寻找问题的根源，从根源上解决问题。同时，换位思考还能增进我们与对方之间的理解和信任，使双方关系更加紧密。

以柔克刚，化解矛盾，需要我们具备沟通技巧。在化解矛盾的过程中，我们需要注意言辞的选择和表达方式。柔和的言辞可以降低对方的敌意和防备心理，使双方更容易达成共识。同时，我们还应注重表达方式和语气的掌控，让对方感受到我们的真诚和善意。

以柔克刚，化解矛盾，需要我们具备平和的心态。在人际交往中，我们时常会遇到各种挑战和困难。此时，我们若能以平和的心态去面对，便能减少许多不必要的压力和焦虑。不仅如此，平和的心态还可以让我们保持冷静与理性，找到最佳的解决方法。

以柔克刚，化解矛盾，需要我们培养自己的耐心。很多时候，冲突的根源可能只是小小的误解或者沟通不畅。在这种情况下，我们需要有足够的耐心去倾听对方的想法，理解对方的立场，同时也让对方有机会了解我们的想法。只有这样，我们才能够找到共同点，化解分歧。

以柔克刚，化解矛盾，是人际交往中的一种智慧。在复杂的人际往来中，我们若能以柔和的态度去面对矛盾，以宽容的心去接纳他人，以平和的心去应对挑战，便能化解许多不必要的纷争，使人际关系更加和谐、融洽。

» 广结善缘，互通有无

古人云：“有朋自远方来，不亦乐乎？”这不仅仅是待客之道，更是人际交往的精髓所在——广结善缘，互通有无。广结善缘，互通有无，是一种人生态度，在这个充满竞争与挑战的世界里，我们需要用一颗感恩的心去对待帮助过我们的人，用一份真诚的心去结交更多的朋友。同时，我们要学会遇事不慌，时刻保持冷静；也要学会在成功时不骄不躁，谦虚谨慎。这样，我们才能稳步前行，砥砺奋进。

织就善缘网，拓展人际关系

在一个小镇上，住着一个善良、热情的年轻人。他总是助人于急需之时，镇上的人都对他赞不绝口。有一天，这个年轻人在镇上的集市上闲逛时，遇到了一个陌生的老人。老人衣衫褴褛，脸上挂满了疲惫和沧桑。他手中拿着一个破旧的碗，里面只有孤零零的几个硬币。年轻人见状，走到老人面前，将自己口袋里的钱全部放到了老人的碗中。

老人感激地看着他，眼中闪烁着泪光。他颤声对年轻人说：“年轻人，你给了我这么大的帮助，我无以为报。但请记住，善有善报，恶有恶报。你的善良将会为你带来好运。”但年轻人表示，他只是想尽自己的一份力量，帮助那些需要帮助的人，不求任何回报。

有一天，镇上来了一位富有的商人，他打算在镇上开设一家大型工厂。这位商人需要招聘一位志同道合的伙伴共同管理工厂。消息传开后，镇上的居民们纷纷前来应聘，希望能够抓住这个难得的机会。年轻人也听说了这个消息，但他并没有像其他人那样急于行动，而是选择先了解和学习相关知识。他相信，机会总是会留给有准备的人。

不久之后，那位富有的商人开始筛选应聘者。他看中了几个有能力的人，但总觉得缺少了一点东西。就在这时，他想起了当初在集市上无意间看到的那位给老人捐钱的年轻人。商人觉得那个年轻人不仅有能力，更重要的是他有一颗善良的心。

于是，商人找到了那位年轻人，邀请他成为自己的合作伙伴。年轻人感到非常意外和惊喜。他答应商人，会尽自己最大的努力来管理工厂，同时也希望工厂能够造福镇上的居民。

在商人和年轻人的共同努力下，工厂很快就建成了。它不仅为镇上的居民提供了大量的就业机会，还带动了整个镇子的经济发展。那位年轻人也因为自己的善良和努力，成了镇上的名人。

广结善缘，是一种智慧，也是一种胸怀。善缘者，并非单指亲朋好友，更涵盖了那些与我们擦肩而过的路人。每一次相遇，都是前世修来的缘分。我们应以一颗宽容的心，去接纳他人的不同，去欣赏他人的优点。如此，方能在这广袤的人海中，结下善缘，收获友情。

互通有无，是人际交往的另一种境界。人生在世，各有所长，亦各有所短。我们应以一种开放的心态，去接纳他人的观点与想法，去学习他人的长处与优点。如此，方能互通有无，共同进步。

在互通有无的过程中，我们要懂得倾听与分享。倾听他人的故事与经历，不仅能让我们更好地理解他人，还能让我们从他人的经历中吸取经验与教训。同时，分享也是一种美德。我们应将自己的所见所闻、所思所感与他人分享，让彼此的心灵得到交流与碰撞。

联结善意，互通有无共扬帆

在广结善缘、互通有无的道路上，我们不难发现，每一次的交往都是一次心灵的洗礼，每一次的相遇都是一次生命的成长。正如古人云："三人行，必有我师焉。"在与他人的交往过程中，我们学会了如何与人相处，如何理解他人，更学会了如何完善自己。

然而，人际交往并不总是一帆风顺。有时，我们会遇到误解与隔阂，甚至可能会遭遇背叛与伤害。但正是这些挫折与困难，让我们更加深刻地理解了人际交往的真谛。我们慢慢学会了宽容和原谅，学会了强大和温柔，学会了感恩和付出。

在广结善缘的过程中，我们逐渐明白，善缘并非一蹴而就，而是需要时间的积累与沉淀。我们需要用心去经营每一段关系，用真诚去感动每一个心灵。只有这样，我们才能真正地结下善缘，收获真挚的友情。

在互通有无的道路上，我们能更加深刻地体会到知识的力量与智慧的光芒。每一次的分享与交流，都能让我们收获新的认知与见解。我们学会了尊重他人的观点与想法，学会了从多个角度去思考问题，更学会了如何将这些知识运用到实际生活中去。

同时，在人际交往中，我们还学会了如何保持自我。我们明白，在尊重他人的同时，也要保持自己的独立与个性。只有这样，我们才能在人际交往中时刻保持清醒，不至于迷失自我。

回首过去，我们不禁感慨万分。那些曾经陪伴我们走过风雨的朋友，那些曾经给予我们帮助与支持的人，都是我们人生中最宝贵的财富。正是这些善缘与友谊，让我们的人生之路变得更加精彩。

在广结善缘、互通有无的过程中，我们会逐渐明白了一个道理：人生不是一场孤独的旅行，而是一个相互扶持、共同成长的过程。只有当我们学会珍惜每一个善缘，学会与他人互通有无时，我们的人生才会更加美好和充实。

» 善于倾听，理解他人需求

在这个快节奏、高压力的时代，人际交往的复杂性日益凸显。我们渴望被理解、被认同，却往往在忙碌与自我中丧失了倾听他人的能力。善于倾听，理解他人需求，既是人际交往的技巧，也是内心的沉淀。它就像指路明灯，为我们驱散迷雾，助我们成功抵达他人心灵的彼岸。

耳朵里的智慧

在纷繁复杂的人际往来中，我曾遇到过一位老者，他便是善于倾听的典范。每当我面对内心的困扰和疑惑时，都会向他寻求倾诉，而他总是保持着一种深沉的静谧，宛如一座坚实的基石，以他那充满智慧与慈爱的目光，默默注视着我，用心聆听我述说的每一个细节。他从不打断我的诉说，也不轻易给出建议或解决方案。他只是默默地陪伴着我，让我感受到一种温暖和安慰。在他的倾听中，我逐渐找到了自己的方向和勇气，也学会了如何去面对和解决生活中的问题。

倾听，是心灵的对话，是情感的交流。在人际交往中，倾听是一种无声且强大的力量，它能够穿透喧嚣，抵达人的内心深处。它需要我们暂时放下自己的立场和偏见，全心全意地去感受对方言语背后的情感与需求。在倾听的过程中，我们仿佛打开了一扇窗，让彼此的心灵得以交流，让彼此的情感得以释放。

在人际交往的舞台上，我们往往扮演着各种角色，或是倾诉者，或是倾听者。然而，真正的倾听，并不只是用耳朵去捕捉声音，而是用心灵去触摸对方的灵魂。善于倾听的人，他们懂得在对方的话语中寻找线索，探寻那些隐藏在字里行间的情感和需求。他们像是一位敏锐的侦探，用敏锐的洞察力去探索对方心灵的秘密。

善于倾听的人，懂得尊重他人。他们知道，每个人都有自己的故事和经历，都值得被倾听和尊重。因此，在与他人交流时，他们总是耐心倾听对方的诉说，不打断、不插话、不妄加评论。他们用自己的实际行动告诉对方："我在听，我在乎你的感受。"这种尊重，不仅能够让对方感受到被重视和认可，还能够增强彼此之间的信任和友谊。

善于倾听的人，懂得理解他人。他们明白，每个人的言语背后都隐藏着一定的情感和需求。因此，在倾听时，他们不仅关注对方说了什么，更关注对方为什么这么说。他们通过细心观察和深入思考，去理解对方的内心世界，去把握对方的真实需求。这种理解，不仅能够让对方感受到被理解和接纳，还能够促进彼此之间的情感交流和心灵沟通。

倾听、理解，再行动

在人际交往的复杂网络中，理解他人需求不仅是倾听的自然延伸，更是展现深厚智慧与洞察力的体现，我们生活在一个多元化的时代，每个人的背景、经历和需求都各不相同。在与他人交往时，如果我们只关注自己的利益和需求，而忽略了对方，那么这样的交往必然是浅薄的，极易产生误解和冲突。因此，我们迫切需要培养一种能力，即学会站在对方的角度思考问题，并努力理解他们的需求和感受。这种能力不仅有助于我们更深入地理解他人的立场和观点，还能促进我们与他人之间的有效沟通和彼此关系的建立。

理解他人需求，是一种更高层次的倾听。它要求我们不仅要听到对方说了什么，更要理解对方为什么这么说。这需要我们具备同理心，这样我们就不是只停留在言语的层面，而是能够设身处地地感受对方的情感和需求。当我们真正理解了他人的需求，我们就能够更好地回应对方，让彼此的心灵更加贴近。

理解他人需求，能够增强人际关系的和谐。在复杂交织的人际关系中，我们不可避免地会遭遇各种各样的争执与矛盾。而解决这些矛盾与冲突的关键，便是理解他人的需求。当我们用心倾听他人的心声时，我们会发现他们的需求往往并不复杂，只是需要我们给予一些关注与支持。通过满足他们的需求，我们可以化解矛盾与冲突，保持人际关系的和谐与稳定。

理解他人需求，可以激发人的潜能与创造力。每个人都有自己的潜能与创造力，但往往因为缺乏关注与支持而被埋没。当我们善于倾听并理解他人的需求时，就可以发现他们的闪光点并给予他们最恰当的支持与鼓励。这种支持与鼓励可以增加他们的自信心，提升他们的主动性，从而发挥出更大的价值。

善于倾听，理解他人需求的人，往往能够获得大家的认可和赞扬。他们懂得如何与他人建立良好的关系，如何在冲突中化解矛盾，如何在困境中给予他人支持和帮助。这样的人，能凭借出色的倾听能力和对他人需求的深刻理解，在人际交往中脱颖而出。

然而，倾听和理解并非易事。在快节奏的生活中，我们常忙于追求自己的目标和利益，忽略了与他人的交流和沟通。或许我们应该时常提醒自己，在与人交往时，多一些倾听，多一些理解，多一些心灵的交流与碰撞。那么当我们真正用心去倾听他人时，就会发现，这个世界其实比我们想象的要美好得多。

因此，我们需要学会善于倾听。我们需要放下自己的偏见和固执，用一颗开放和包容的心去倾听他人的声音。我们需要尊重他人的感受和需求，用真诚和关爱去理解和接纳他人的不同。我们需要用智慧和勇气去面对生活中的各种挑战和困难，让自己成为一个真正善于倾听、理解他人需求的人。

当我们学会善于倾听时，我们会发现周围的世界变得更加美好。同时，我们的人际关系会更加和谐融洽，心灵也会变得更加丰富和充实。通过倾听和理解他人需求，我们不仅仅能够帮助他人解决问题、缓解压力，更能够收获友谊和信任。这种心灵的交流和碰撞，会让我们的人生变得更加丰富多彩。

我们要学会倾听和理解，用一颗感恩的心去对待身边的每一个人，用一份真诚的爱去温暖他们的心灵。当我们真正用心去倾听、去理解他人时，我们会发现，这个世界其实比我们想象的要美好得多。因为在这个世界上，最珍贵的莫过于人与人之间的情感交流和相互理解。

第五章

情绪变通：冷静应对一切变化

我们身处瞬息万变的时代，会遇到各种意料之外的困境和挑战。因此，我们需要保持冷静，调整好我们的情绪，这样才能从容面对。情绪变通，既要求我们快速适应变化，也要求我们的内心要变得更加强大，以冷静、从容的态度应对一切变化。这样，我们便可以在未知的变化中披荆斩棘，不断突破自我，实现人生价值。

» 别让情绪搅局，决策更明智

在关键决策的时刻，情绪往往如同一位不受控制的访客，会极大地影响我们的判断。这种影响有时表现为过度的乐观或悲观，使得我们的选择偏离理性和冷静的轨道。为了有效抵御这种情绪化的干扰，我们必须掌握管理和调控情绪的技巧。

决策为舵，情绪为帆

“情绪”，这个深邃而复杂的心理现象，常常在我们生活的舞台上扮演着一个难以捉摸的角色。它如同一位神秘而多变的舞者，悄无声息地影响着我们的思维模式和判断标准。当我们站在选择的路口时，各种情绪接踵而至，有时能激起我们内心的紧张与焦虑，让我们在黑暗中摸索前行，感到迷惘与无助；有时又把我们拖入愤怒与沮丧的深渊，如同被厚重的云层笼罩，使我们无法看清前方的道路。

这些负面情绪如同一片浓雾，不仅遮蔽了我们的视野，让我们无法看清前方的目标，还会让我们的思维变得混沌不清，难以作出明智而果断的决策。在这样的状态下，我们往往会被负面情绪控制，陷入冲动的旋涡，作出错误的决定，从而带来一系列不可预知的后果。

然而，正是这些负面情绪的挑战，使得我们作出果断且正确的决策尤为艰难。一个真正的智者，不仅可以在情绪的风暴中保持冷静与理智，还可以从中找到前进的力量和方向。他们深知，情绪并非敌人，而是需要被理解和驾驭的伙伴。他们懂得如何识别并控制自己的情绪，不让其成为决策的绊脚石。

在面临重大决策时，明智的决策者会在第一时间冷静下来，审视自己的情绪状态。他们会识别出那些可能影响判断的情绪，如紧张、焦虑、愤怒或沮丧。通过深入的反思和敏锐的觉察，我们可以更加精准地理解自己的情绪波动，进而有目的地调整自己的心态，使之更适应当前的环境和挑战。

在关键时刻，这些决策者会调整自己的心态，以更加积极、乐观的态度去面对挑战和困难。他们相信，情绪是短暂的，而智慧和决断则是永恒的。他们会在决策之前深思熟虑，权衡利弊，结合自己的价值观和目标，作出最为合适的选择。

学会理解和控制情绪，不仅可以帮助我们在决策中更加明智和果断，还能让我们在人生的道路上更加从容和自信。当我们能够驾驭情绪，让它成为我们人生航程中的助力而非阻力时，我们便可以更勇敢地面对未来的挑战和困难，书写出属于自己的精彩人生。

摆脱情绪干扰，明智决策更从容

决策并不是简单的选项，也不是单凭运气的抉择，它是对问题核心以及潜在后果的全面分析。这一分析过程要求我们拥有敏锐的洞察力，并深入理解事物的内在规律及其逻辑关系。唯有当我们能够洞察事物的真实面貌，洞悉其中的因果链条时，我们才能在错综复杂的情境中作出明智且贴合实际的决策。此外，情绪的稳定性和理性的思维方式在决策过程中同样扮演着举足轻重的角色。情绪化的决策往往伴随着冲动和偏见，从而削弱我们的判断力和决策的质量。因此，我们必须学会驾驭自己的情绪，保持冷静和理性，以便更好地面对各种挑战和困境。

想要摆脱情绪的干扰，首先是要对自己进行深入了解，观察自己的情绪触发点和在不同环境下的第一反应，这样可以精准地把握情绪的变化，并有针对性地作出调整。这种自我洞察的能力，不仅有助于我们更有效地管理情绪，还能提升我们作出决策的精准度和行动力。

除了掌握情绪，我们还要学会如何调节情绪。当情绪较为激动或失落时，我们可以通过深呼吸、冥想和放松等方式，帮助我们迅速平复心情。这些调节技巧可以让我们更快地恢复冷静，在作出决策时保持头脑清醒。

在摆脱情绪干扰的同时，我们要培养一种积极乐观的心态，这种心态可以最大限度激发我们的内在潜力，提升我们的抗压能力和突发情况应对能力，让我们在困境中仍保持积极向上的精神态度。

在作重大决策时，我们必须确保自己是冷静且理智的，避免受到情绪影响。我们要客观分析问题、理性解决问题，对问题进行全面分析和思考，并对可能出现的结果进行假想，这就要求我们慎之又慎，在权衡利弊后，再作出决策。

此外，寻求外部资源的支持也是明智之举。与家人、朋友或专业人士交流，听取他们的意见和建议，从中获得不同的观点和思路。同时，参加培训课程或阅读相关书籍也是提升决策能力的有效途径。这不仅能够帮助我们拓宽视野，还能让我们在决策过程中思考得更加全面和深入。

通过深入的自我理解，学习并掌握情绪管理的艺术，培养一种积极且乐观的生活态度，在面对压力时保持冷静和理性，并且积极寻求外部支持和资源，我们可以有效避免情绪的干扰，从而作出更为果敢、明智的决策，从容地应对生活中的每一次选择和挑战。

» 积极面对挫折，灵活调整心态

在漫长且曲折的人生旅途中，挫折与困难就像浓厚的阴霾一样，始终萦绕在我们的心头，让我们在每一步的行走中都能感受到它们的压迫。这些困难，如同道路上散落的绊脚石，它们形态各异、大小不一，以不同方式阻碍着我们前行的步伐，无时无刻不在考验着我们的意志和决心。

然而，正是这些曾让我们感到绝望、看似无法逾越的难关，最终却成为我们人生中最宝贵的财富。它们塑造了我们坚韧不拔的品格，让我们在风雨的洗礼中逐渐成长，变得更加坚强和成熟。因此，面对生活中的挫折和困难，我们必须灵活调整心态，以积极的态度去面对它们，并学会在困境中找寻解决问题的办法。这样，我们才能更好地战胜人生的挑战，走向辉煌的未来。积极面对挫折，灵活调整心态，无疑是我们应对人生挑战的重要法宝。

挫折，成长的磨砺石

生活中的挫折无处不在，它们可能是学业上的失败、事业上的低谷，也可能是人际关系的破裂，甚至是健康问题的困扰。这些挫折让我们感到痛苦、沮丧，甚至想要放弃。然而，正是这些挫折，让我们更加深刻地认识到自己的不足，激发我们内在的潜力，促使我们不断地去改进和成长。

面对挫折，我们不能一味地逃避和叫苦，而是应该直面它、解决它。我们要明白，挫折是成长的磨砺石，它磨砺着我们的意志，锻炼着我们的能力。唯有历经挫折的磨砺，我们才能铸就更为坚韧不拔的品格，蜕变为更加成熟稳重的自己。

挫折并非只有负面影响，它更是我们成长的催化剂。面对挫折，我们可以从中汲取智慧和力量，为未来的生活做好准备。每一次挫折都是一次宝贵的经验教训，它可以让我们更加深入地了解自己的不足，为未来的成长提供有力的支持。在逆境中，我们需要不断地寻找新的解决问题的方法，这种过程可以激发我们的潜能、创造力和想象力，让我们变得更加坚强、更加有毅力，从而发现新的可能性和机遇。

积极面对挫折，首先意味着我们要以勇敢无畏的姿态迎接挑战。当困难来临时，我们不要选择逃避或抱怨，而是应该勇敢地正视它，深入问题的本质。挫折是成长的催化剂，它让我们在失败中吸取教训，总结经验，从而不断提升自己的能力和智慧。这种从挫折中学习的态度，不仅能够帮助我们避免重复犯错，更能够让我们在逆境中迅速成长，变得更加坚韧和成熟。

最重要的是，我们要相信自己具备战胜挫折的能力和潜力。我们深知，每个人都有自己的长处，这些特质如同珍贵的宝藏，等待我们去发掘和利用。只要我们坚定信念，积极挖掘潜能并充分发挥自身的优势，便能够战胜一切困难，最终实现内心深处的梦想。

总之，积极面对挫折并灵活调整心态是我们应对人生挑战的重要途径。让我们以坚定的信念和勇敢的心态去迎接生活中的每一个挑战，不断超越自我，追求更加美好的未来。

每一次挫折，都是成长的垫脚石

积极面对挫折，意味着我们要以勇敢无畏的姿态迎接挑战。当困难来临时，我们应该深入了解问题的本质。通过深入而细致的分析，我们能够精准地触及问题的核心，挖掘出其根源。一旦找到问题的根源，我们便能更有针对性地探索解决之道。有效的解决方法往往来源于对问题的深刻理解和创造性思考。我们需要运用已有的知识，结合实际情况，提出切实可行的方案，并逐步将其付诸实践。通过不断的实践和总结，逐渐提升自己的能力和智慧。

灵活调整心态也是应对挫折的关键。面对挫折，我们往往会感到心情低落，甚至陷入绝望的境地。然而，消极情绪只会让我们更加沉沦，无法自拔。因此，调整心态，以积极乐观的态度去面对这些困境，成了我们成长与进步的关键。在调整心态的过程中，我们可以借助各种方式来放松心情、提升情绪。例如，我们可以通过运动来释放压力，让身心得到充分的放松；也可以通过聆听美妙的音乐来陶冶情操，使心灵得到净化；还可以通过阅读来丰富自己的知识，提升自己的综合素养。

保持积极心态的同时，我们还应具备一颗平常心。这意味着在面对挫折时，我们要时刻保持冷静、理智，不被情绪左右。平常心可以使我们客观地分析问题，不被困难吓倒，从中寻找更多的机会和可能性。我们要懂得，挫折只不过是人生道路上的一个环节，它绝非失败或终结的象征，而是通往成功的必由之路。

另外，要战胜挫折，我们还需培养自己的韧性和适应能力。韧性是指面对挫折时的坚韧不拔和顽强毅力，适应能力则是指根据环境变化灵活调整自己的能力和策略。通过不断锻炼和挑战自己，逐渐增强自己的韧性和适应能力，我们就可以更好地应对生活中的挫折和困难。

每个人都有自己的闪光点，这些独特的优势是我们在特定领域超越他人的关键。我们要善于发掘和利用这些优势，通过不断学习和实践，将其转化为实际能力，从而在各种挑战中脱颖而出。同时，我们也要保持谦逊和学习的态度，不断汲取新知识、新技能，提高自己的综合素质。

在人生的道路上，挫折和困难是不可避免的。然而，正是这些挑战和磨砺，让我们变得更加坚强、成熟。只要我们积极面对挫折，灵活调整心态，相信自己，勇敢前行，就一定能够战胜一切困难，迎接美好的未来。

» 自我对话，正视内心的不安

在这个纷繁复杂、竞争激烈的时代，每个人都不可避免地会遭遇各种内心的挣扎和不安。这些不安仿佛黑暗的阴影，悄然笼罩在我们的心头，让我们在生活的舞台上步履沉重，难以自拔。它们可能源于对未来的迷惘和恐惧，让我们在无尽的黑暗中徘徊，无法找到前进的方向；也可能源于对自我的怀疑和否定，让我们在自卑的旋涡中越陷越深，失去前进的动力；还可能源于人际关系的纷扰和纠葛，让我们在纷乱中失去自我，陷入无尽的烦恼和痛苦。

然而，正是这些内心的不安，如同一个尖锐的箭头，刺痛了我们的灵魂，让我们不得不正视自己内心深处的真实面貌。我们要明白，逃避不是解决问题的办法，唯有勇敢地面对，才能找到真正的出路。

倾听内心的声音，勇敢面对不安

在繁忙的生活中，我们时常被外界的声音包围，无论是喧嚣的街道、繁忙的办公室，还是手机中不断弹出的消息提示，这些声音如同洪流一般，冲击着我们的心灵，让我们难以分辨内心的声音。然而，倾听内心的声音，勇敢面对不安，是通往自我成长和内心平静的重要途径。

倾听内心的声音，要学会在喧嚣中保持宁静。当我们身处嘈杂的环境时，可以尝试通过深呼吸、冥想等方式，让心灵逐渐回归平静。保持内心平静是至关重要的。只有在这种状态下，我们才能更加清晰地聆听内心的声音，深刻感受到自己的真实需求和渴望。

内心的声音往往是微弱而细腻的，它可能是一个瞬间的感悟、一个深深的渴望，或者是一个对自我成长的期待。当我们学会倾听这些声音时，就能更加深入地了解自己，找到真正属于自己的方向。

然而，倾听内心的声音并不总是轻松的事情。有时，我们会面临来自内心的不安和恐惧。这些不安可能源于对未来的担忧、对失败的恐惧，或者是对自我能力的怀疑。但正是这些不安，激励着我们不断挑战自我，寻求成长和突破。

勇敢面对不安，需要我们直面恐惧与焦虑。我们需要正视这些不安，而不是逃避或压抑它们。探寻内心的不安，追寻不安出现的根源，从而有针对性地拟订解决方案。同时，我们也需要学会接受自己的不安，因为它们是成长的一部分，是我们不断前进的动力。

在不断解决各种挑战的过程中，我们会逐渐发掘自己的潜力，提升自己的能力。我们会发现，自己有能力克服困难，实现自己的目标。这种对自我认知的深化与提升，将给予我们更加坚实的自信，让我们能够更加从容不迫地面对未来可能出现的各种挑战。

倾听内心的声音，勇敢面对不安，是一个不断自我探索和自我成长的过程。在这个过程中，我们不仅能提升自我认知，还能逐渐发现个人的兴趣和潜力所在，从而选择与自己更为契合的前进方向。同时，我们也将逐渐学会如何在喧嚣的世界中保持内心的平静和坚定，成为更好的自己。

与自我对话，正视内心的不安

我们可以更深入地探讨自我对话的重要性，以及如何通过自我对话来更好地应对内心的不安，促进个人的成长和发展。

自我对话是心灵觉醒过程中的重要助力，也是有着积极作用的心理调适方式。通过自我对话，我们能够更深入地了解自己的内心世界，发现自己的潜在能力和优势，进而更好地应对生活中的各种挑战和困难。

在自我对话的过程中，我们需要学会倾听自己的内心声音，敢于面对自己的不足和缺陷。不要害怕承认自己的弱点，因为正是这些弱点才让我们有机会成长和进步。通过自我对话，我们可以更加清晰地认识自己的价值观和目标，明确自己的人生方向，从而更加坚定地走向成功的道路。

当我们遭遇内心的痛苦和困扰时，通过自我对话，可以找到内心的平衡点，缓解焦虑和压力，让自己更加平静和从容地面对生活中的各种挑战。自我对话让我们学会与自己和解，接纳自己的不完美，从而释放出更多的能量和动力去追求更加美好的人生。

通过自我对话，我们能够更好地理解他人的想法和感受，增强共情能力，从而在人际交往中更加得心应手。同时，自我对话也可以提升我们的沟通能力，使我们更加清晰地表达自己的想法和观点，避免误解和冲突的发生。

总之，自我对话是一种非常宝贵的心理资源，它能够帮助我们正视内心的不安，促进个人的成长和发展。通过自我对话，我们可以更加清晰地认识自己、理解自己、接纳自己，从而更加坚定地走向成功的道路。因此，我们要珍惜每一次自我对话的机会，用心去倾听自己的内心声音，发现更多的力量与智慧，书写属于我们自己的精彩人生篇章。

第六章

目标变通：曲线救国，迂回前进

目标，是我们前进的动力和方向。在征途中，我们总会陷入各种困境，被迫停下前进的脚步。此时，就要学会目标变通，要懂得曲线救国，迂回前进。目标变通，是在不改变目标的前提下，应时而变、随事而制，从而及时调整应对策略，迂回接近目标。目标变通可以让我们懂得一个道理：面对困难和阻碍，不要死磕到底，而要学会换一条路走，在新的道路上迂回前进，最终实现目标。

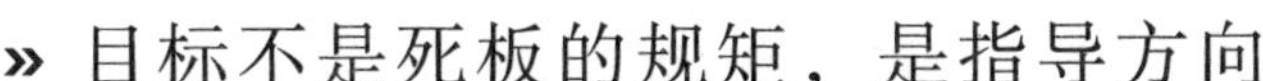

» 目标不是死板的规矩，是指导方向

在人生的旅途中，我们常常会设立各种目标，它们是我们前进的动力，也是我们规划未来的蓝图。然而，有时我们会将目标视为一种死板的规矩，认为一旦设定就必须严格遵循，不能有任何偏差。但实际上，真正的目标并非死板的规矩，而是一种指导方向，它引导我们前行，同时允许我们在过程中进行灵活调整。

目标明，方向定，励志行

在一个小镇上，有一个名叫李明的年轻木匠。他从小就对木工手艺充满热情，梦想着有一天能够成为镇上最出色的木匠。

李明很努力，他早早便为自己设定了一个明确的目标：三年内成为镇上最有名的木匠。为此，他制订了详细的计划，包括每天要学习的新技能、每个月要完成的木工作品等。然而，随着时间的推移，李明发现事情并没有按照他预想的那样发展。

后来，他遇到了一个技术难题。他尝试按照传统的方法制作一个复杂的木雕，但总是失败。他开始怀疑自己的能力，甚至想要放弃。然而，就在这时，他遇到了一位老木匠。老木匠告诉他，每个木匠都有自己的风格和特长，不必拘泥于传统的规矩。他鼓励李明发现和寻找新方法，在技术方面不断创新。

李明受到了启发，他开始尝试用不同的木材、不同的工具和不同的技巧来制作木雕。虽然起初并不顺利，但他没有放弃。他不断试验、调整、再试验，经过了无数次的试错，他终于找到了适合自己的方法。他的作品也被赋予了灵魂和特点，吸引了越来越多的人前来购买。

与此同时，李明也发现，他最初设定的目标有些过于狭窄。他意识到，成为“最有名的木匠”并不是他真正的追求。他更希望可以用自己的双手创造出让人们感到快乐和满意的作品。于是，他重新设定了自己的目标：用心灵手巧创造美好。

在接下来的日子里，李明不再拘泥于传统的规矩和技巧。他不断探索、创新、尝试，让自己的作品更加丰富多彩。他的名声也逐渐传遍了整个小镇，甚至吸引了远方的客人前来购买他的作品。

有一天，一个富有的商人找到了李明，希望他能为自己制作一件木雕作为礼物。商人提出了很高的要求，希望李明能够按照他的想法来制作。然而，李明并没有盲目地听从商人的要求。他仔细研究了商人的需求，结合自己的理解和想象，创作出了一件既符合商人要求又充满个人风格的作品。商人非常满意，对李明的才华和创造力赞不绝口。

这个故事告诉我们，目标并不是死板的规矩，而是一个灵活且富有指导性的方向。在实现目标的过程中，我们总会遇到各种难题与挫折。但只要我们保持开放的心态、灵活的思维和坚持不懈的努力，就一定可以找到适合自己的方法，实现自己的梦想。同时，我们也要学会不断调整和优化自己的目标，让它更加符合自己的内心需求和实际情况。这样，我们才能在人生的道路上不断前进、不断成长。

李明的故事教会我们一个宝贵的心得：目标并非一成不变的规矩，而是我们人生旅途中的一盏指引灯。它指引我们方向，却不需要我们死守其形。在追求目标的过程中，我们难免会遇到挑战和困难，这时，我们就需要像李明一样，保持开放的心态，灵活地调整自己的策略和方法。

我们不应被目标束缚，而应将其视为一个不断进化的过程。正如李明在木雕创作上的转变，从最初的固守传统，到后来的大胆创新，他的目标也因此而变得更加丰富多彩。这种灵活性不仅帮助他解决了技术难题，更让他在创作上找到了真正的自我。

志在目标，行有方向

在生活中，我们需要明确目标的意义。目标并不是为了束缚我们，而是为了帮助我们更好地规划未来，使我们的生活更加有条理、有方向。它就像一盏明灯，照亮我们前行的道路，让我们知道自己应该朝哪个方向努力。这种方向感使我们能够保持前进的动力，不断克服困难，向前迈进。

然而，我们也应该意识到，目标并不是一成不变的。生活总是充满了变数，有时候我们会遇到一些无法预料的困难和挑战，这时候就需要我们根据实际情况对目标进行调整。这种调整并不是对目标的放弃，而是为了更好地实现它而作出的灵活应对。只有这样，我们才能在不断变化的环境中保持竞争力，实现自己的价值。

将目标视为指导方向，意味着我们在追求目标的过程中要保持一种开放的心态，始终保持对自我发展的关注与反思。当我们发现自己偏离了目标时，不要过于沮丧或自责，而是要冷静地分析原因，找到问题的根源，并采取相应的措施进行调整。这种调整可能是对目标本身的修正，也可能是对实现目标的方式和方法进行改进。

同时，将目标视为指导方向还意味着我们要有一种长期和全面的视角。我们应该思考自己的目标是否符合自身的价值观和人生规划，以及是否能够带来真正的幸福和满足感。如此，我们才可以始终保持头脑清晰，不被当下的利益诱惑。

总之，目标不是死板的规矩，而是指导方向。它引导我们前行，同时也允许我们在过程中进行灵活的调整。我们应该保持一种开放的心态，时刻关注自己的进展，不断反思自己的行动是否符合目标的要求。只有这样，我们才能在不断变化的环境中保持竞争力，实现自己的价值。

» 成功不是一条路，是好多条

“成功”，这个词语本身就被赋予了多重含义和深远的意义。它并非一条单一、刻板的道路，而是众多不同路径交织成的缤纷画卷。每个人在这幅画卷上留下的痕迹都是独一无二的，因为每个人的背景、能力、兴趣和目标都各不相同。

每个人心中都有一座成功的山峰

有些人，他们凭借过人的商业智慧、敏锐的市场洞察力以及无与伦比的创新精神，走上了创业之路。他们敢于冒险，勇于挑战未知，以坚定的信念和不懈的努力开创出属于自己的事业。这些创业者的成功之路充满了曲折与坎坷，但他们从未放弃，最终实现了自己的梦想。

有些人，他们沉浸于学术研究的海洋中，探索着自然界的奥秘，追求着真理的光芒。他们具备深厚的学术素养、严谨的研究态度和敏锐的问题意识，通过深入的研究和不断的创新，为科学进步作出了重要贡献。这些学者的成功之路虽然显得孤独而艰辛，但他们的努力与付出却为整个人类社会带来了无尽的财富。

还有一些人，他们或许没有创业者的胆识和学者的智慧，但他们凭借出色的职业技能和勤奋的工作态度，在自己的岗位上默默耕耘，最终获得了认可与晋升。他们的工作或许平凡而普通，但正是这些普通人的付出与努力，构成了社会运转的坚实基础。

成功并不是一条固定的道路，它充满了无限的可能性和变化。在这条道路上，或许会有风雨、会有坎坷，但只要保持坚定的信念、不断学习和成长，就一定能够走向属于自己的成功之路。

成功不仅仅意味着金钱、地位或名誉的获得，更在于实现自我价值、享受过程并为社会作出贡献。每个人都有权利追求自己的梦想和目标，只要勇往直前、坚持不懈，就一定能够书写属于自己的成功篇章。在这条追求成功的道路上，每个人都在以自己的方式书写着属于自己的故事。有些人可能在追求成功的道路上遭遇了失败和挫折，但他们从不气馁，反而将这些经历视作成长的垫脚石。他们深知，每一次的失败都是一次宝贵的学习机会，能让他们更加明确自己的目标，更加坚定自己的信念。

认知成功，才能实现成功

在人生的旅途中，我们常常被教导要沿着一条明确的道路前进，才能抵达成功的彼岸。然而，当我们深入探索时，会发现通向成功的道路并非只有一条，它更像由无数条道路交织而成的网。每个人都有自己独特的才华和激情，只要我们勇敢地探索，就能在属于自己的道路上找到成功的可能。

我们要认识到成功的定义是多元化的。成功不仅是事业上的辉煌成就，也可以是家庭的和睦、个人的成长、社会的贡献等。因此，我们不应该被传统观念束缚，认为只有获得某种特定的职业或成就才能代表成功。相反，我们应当基于个人的兴趣与独特优势，自主选择一条符合自我特性的道路，以此创造并定义属于我们自身的成功标准。

在探索成功的旅途中，我们不可避免地会遭遇形形色色的挑战与障碍。但正是这些挑战和困难，才让我们有机会探索不同的道路，从而发现更多的可能性。也许我们会在某个领域遭遇挫折，但这并不意味着我们就此失败。相反，我们可以从失败中汲取经验，调整方向，重新出发。只要我们保持开放的心态，敢于尝试新的道路，就一定能够找到通往成功的路径。

成功案例也证明了成功的道路是多样化的。有许多人通过不同的方式实现了自己的梦想和目标。他们或许是在科研领域取得了重大突破，或许是在艺术领域创造了杰出作品，或许是在社会公益活动中作出了巨大贡献。这些成功案例告诉我们，只要我们坚持不懈地追求自己的目标，就一定能够在自己的道路上找到成功的可能。

当然，在追求成功的过程中，我们也需要保持谨慎和理性。不同的道路会有不同的风险和机遇，我们需要根据自己的实际情况和目标，作出明智的选择。同时，我们也需要保持学习和成长的心态，不断提升自己的能力和素质，以应对未来的挑战和机遇。

总之，成功不是一条路，而是好多条。我们应该根据自己的兴趣和优势，选择适合自己的道路，勇敢追求梦想和目标。在追求成功的过程中，我们需要保持开放的心态、敢于尝试的精神和坚持不懈的努力。只有这样，我们才能在属于自己的道路上找到成功的可能，实现自己的人生价值。

» 此路不通？学会“绕路”

在前进的道路上，我们经常会遭遇“此路不通”的困境。当遇到这样的时刻，保持冷静显得尤为重要。冷静的心态不仅能帮助我们看清问题的本质，还能让我们在绕路的过程中不被困境束缚，继续前行。

学会放弃，学会“绕路”

在人生的旅途中，我们难免会遇到一些看似无法逾越的障碍，那些“此路不通”的标识仿佛预示着前方的绝望。但请记住，真正的勇士从不被困境束缚，他们懂得“绕路”，懂得去寻找新的机会和可能。

当我们遇到困境时，首先要做的不是抱怨和沮丧，而是保持冷静的头脑。我们需要清晰地认识到，每一个问题都有解决的方法，只是需要我们用心去寻找。在追求成功的征途中，睿智的思辨能力显得尤为重要。它能够帮助我们洞察问题的本质，深入剖析其根源，进而为解决问题提供清晰的路径。

当一条路被阻塞时，我们要学会寻找新的道路。这并不意味着我们要放弃原有的目标，而是要学会灵活地调整自己的方向。我们可以从其他领域寻找灵感，或者尝试新的方法和策略。记住，成功往往青睐那些勇于尝试、敢于创新的人。

在绕路的过程中，我们会遇到各种挑战和困难。但正是这些挑战和困难，才让我们有机会积累经验、提升能力。每一次的失败都是一次宝贵的教训，让我们能够更加清晰地认识到自己的不足和需要改进的地方。

在绕路的过程中，我们需要保持坚定的信心。我们要相信自己的能力和潜力，相信自己一定能够找到通往成功的道路。同时，我们也要保持勇往直前的精神，不断追求自己的梦想和目标。只有这样，我们才能在绕路的过程中找到新的机会和可能，实现自己的人生价值。

在前进的路途中，我们可能会陷入步履维艰的困境中。但请记住，真正的勇士从不被困境束缚，他们会选择"绕路"，寻找新的机会和可能。当我们遇到困境时，不要害怕和退缩，而是要保持冷静的头脑、寻找新的道路，积累经验、保持信心并勇往直前。只有这样，我们才能在绕路的过程中找到通往真正成功的道路，实现自己的人生价值。

理智绕路，不被困境束缚

在人生的旅途中，当我们遭遇"此路不通"的困境时，选择绕路是智慧的表现。然而，绕路的过程中也充满了挑战，稍有不慎就可能被困境束缚。

在绕路之前，确保自己有一个清晰的目标。在人生的征途中，设立一个具有足够吸引力的目标至关重要，它能够成为我们持续前行的强大动力源泉。但需要注意的是，设立目标应该具有可行性，避免因为目标过于遥远或不切实际而导致我们在绕路过程中迷失方向。

绕路并不意味着盲目地探索，而是需要有一个明确的计划和策略。在制订计划时，我们需要进行全面而周密的考量，以涵盖各种潜在的情况和风险，并据此制定相应的应对策略。通过制订详细的计划，我们可以更加有序地推进绕路的过程，避免因为混乱和迷惘而被困境束缚。

积极的心态是避免被困境束缚的关键。在绕路的过程中，我们可能会遇到各种挫折和困难，但是只要保持积极的心态，我们就可以从中找到机会和可能。相信自己的能力，相信未来会更好，这种信念将成为我们不断前行的动力。

绕路的过程中充满了未知和变化，我们需要学会适应和调整自己的计划和策略。当发现原本的计划无法应对当前的困境时，我们需要及时地进行调整，寻找新的解决方案，以便更加灵活地应对各种挑战，避免被困境束缚。

绕路的过程可能是漫长而艰难的，但只要我们保持耐心和毅力，就一定能够找到通往成功的道路。面对眼前的困境和挑战，我们不应被其表象吓倒。相反，我们应当坚定信念，深信自己具备应对一切挑战的能力和潜力。只有这样，我们才能在绕路的过程中避免被困境束缚，实现自己的人生价值。

» 既要仰望星空，也要脚踏实地

在人生的征途中，我们往往可以听到两种声音：一种是来自内心深处的呼唤，它激励我们仰望星空，追寻那遥远而璀璨的理想；另一种是来自现实世界的呼唤，它告诫我们脚踏实地，面对那复杂而多变的现实。这两种声音，既相互对立，又相互依存，共同构成了我们人生的双重旋律。因此，学会在仰望星空与脚踏实地之间找到平衡，是我们实现人生价值和理想的关键。

怀揣梦想，仰望天空

仰望星空，是人们心灵深处对美好未来的向往。每个人的心中都有一片属于自己的星空，那里闪烁着无数颗璀璨的星星，每一颗都代表着我们的梦想和追求。在追求梦想的过程中，我们或许会遇到困难、挫折和失败，但正是这些挑战，才让我们更加坚定地仰望星空，更加珍惜自己的梦想。

然而，仅有仰望星空的勇气是远远不够的。我们还需要脚踏实地、将梦想转化为现实的精神。我们要像农民一样，耐心地耕耘希望的田野；我们要像工匠一样，精心地雕琢梦想的蓝图。我们需要不断学习、积累知识，提高自己的能力和素质；我们需要勇敢面对现实，不断克服困难和挑战；我们还需要保持一颗谦虚谨慎的心，不断反思和总结经验教训。只有这样，我们才能在追求梦想的道路上稳步前行，不断积累经验和力量，最终实现自己的梦想。

在这个充满机遇和挑战的时代，我们需要更加坚定地仰望星空，追求自己的梦想。我们要用坚定的信念和执着的追求，去追寻那片属于自己的星空。同时，我们也需要更加踏实地努力，不断提高自己的能力和素质。我们要用勤奋和汗水去浇灌梦想的种子，让它在现实的土壤中生根发芽、茁壮成长。只有这样，我们才能在人生的道路上不断前行，创造属于自己的辉煌。

星梦相辅，行稳致远

在漫长的人生旅途中，我们时常被各种梦想和愿景激励，如同仰望星空，被那无尽的璀璨吸引。然而，仅有梦想是远远不够的，正如古人所言："千里之行，始于足下。"我们需要脚踏实地，将梦想转化为实际行动，才能逐步接近并最终实现它。

每个人都有属于自己的一片璀璨星空，那里闪烁着内心深处的渴望与憧憬。或许，在这片星空下，我们怀揣着成为一名科学家的梦想，怀揣着对未知宇宙奥秘的无尽好奇与探索欲望；或许，我们渴望成为一名艺术家，用画笔描绘出世界的美丽；亦或许，我们期望成为一名教育者，点亮孩子们心中的希望之光。这些梦想如同星空中的繁星，照亮我们前行的道路，给予我们无尽的力量和勇气。

然而，仅有梦想是远远不够的。仅有梦想而无实际行动，如同空中楼阁，虽美轮美奂却遥不可及。真正的梦想需要脚踏实地的努力，一步一个脚印地向前迈进。只有付出实际行动，我们才能在追求梦想的过程中不断积累经验和知识，提高自己的能力和素质，为最终实现梦想打下坚实的基础。

在追求梦想的过程中，我们需要不断反思和调整自己的行动。有时候，我们可能会因为遇到挫折和困难而气馁、放弃。但是，只要我们保持对梦想的热爱和追求，同时脚踏实地地付出实际行动，就一定能够克服困难、战胜挫折，最终实现自己的梦想。正如一位成功人士所说："成功不是将来才有的，而是从决定去做的那一刻起，持续累积而成。”

同时，我们也需要保持谦逊和学习的态度。在追求梦想的征途中，我们经常会遇到那些在某些领域比自己更优秀、更有经验的人。这些卓越的存在，既是挑战，也是激励，他们如同璀璨的星辰，照亮我们前行的道路，同时也指引着我们需要努力的方向。我们应该虚心向他们学习请教，从他们身上汲取经验和智慧，不断提高自己的能力和素质。

第七章

学习变通：鸡蛋不放在一个篮子里

学习之道，贵在变通。在学习的过程中，死读书、读死书都只是照本宣科，让学习者陷于无尽的苦恼中。所以，在学习中，我们不应将目光停留在某一领域或某一方法上，而是要多方面学习、深层次理解。这样，在我们陷于困境或面对难题时，就可以从多个角度找到解决之法。

学习变通，需要我们常怀学习之心，学习新知识、新理念，敢于尝试新方法，丰富自身的知识体系，提高自身的综合素质。学习变通，可以让我们不断开阔视野，灵活应对困难，成长为更好的自己。

» 找到最适合自己的学习方式

人生，是一个不断学习、不断成长的过程。然而，每个人对于学习的理解和接受方式却各不相同。在广阔的知识天地中，寻找最适合自己的学习方式，无异于拥有一把独一无二的金钥匙。这把钥匙精准地契合每个人的认知特点和兴趣倾向，助力我们顺利打开知识宝库的大门，探寻其中的无尽奥秘。

适合自己的，才是最好的学习法

我们都是学习的旅者，穿梭在浩瀚的知识海洋中。有些人如同热爱文学的诗人，擅长通过阅读来感受知识的韵味，从中探寻世界的奥秘；有些人如同善听的智者，喜欢倾听他人的经验和见解，从中汲取智慧的养分；还有些人如同热爱旅行的探险家，热衷于亲手操作和实践，通过实践来深化对知识的理解。然而，有时我们会陷入迷惘和困惑，明明付出了大量的时间和精力，学习成果却不尽如人意。这时，我们或许应该停下来，仔细审视自己，思考是否找到了最适合自己的学习方式。

找到最适合自己的学习方式，并非一蹴而就的易事。在个性化学习的旅途中，我们被赋予了一项重要的使命——寻找那把最适合自己的独特之钥。这一过程要求我们勇于尝试，敢于挑战未知，并在不断的失败中积累经验，直至找到那个能够引领我们走向知识深处的最佳门径。就像一位勇敢的探险家，在未知的领域中摸索前行，历经千辛万苦，最终找到了属于自己的宝藏一样，充满了艰险与神秘。

在这个过程中，我们需要保持一颗谦虚而渴望知识的心。虚心向他人学习是一项不可或缺的品质。我们应当以开放的心态，去倾听、观察并汲取他人的智慧和经验，从而不断充实自己的知识储备。同时，我们也要保持一颗坚定而自信的心，相信自己的能力和潜力，坚定地走出每一步，勇敢地向目标前进。

当我们找到了最适合自己的学习方式时，就如同找到了学习的灵魂。在深入学习的过程中，我们逐渐发现，学习不再是一件单调乏味的任务，而是一次充满乐趣和快乐的体验。我们会更加投入地学习，更加深入地思考，更加高效地掌握知识。随着学习的不断深入，我们的思维会逐渐展现出前所未有的敏捷与灵活性。每一次知识的汲取与积累，都能促使我们的大脑进行深度的思考与推理，从而使我们的思维逻辑更为严密，反应更为迅速。

我们要以积极的态度和坚定的信念，寻找最适合自己的学习方式，并在这个过程中不断挑战自我、超越自我。让我们相信，只要我们勇敢地迈出那一步，就一定能够找到属于自己的学习之路，实现心中的梦想与目标，在这个充满机遇和挑战的时代里，创造更加辉煌的未来！

探索学法，点亮学习之路

在人生这场漫长而精彩的旅途中，学习不仅仅是推动我们不断前行的永恒动力，更是我们攀登梦想高峰的坚实阶梯。然而，每个人的学习方式和效率都不尽相同，找到最适合自己的学习方式，就如同找到了通往成功的捷径。

首先，我们要有勇气去尝试不同的学习方式。每个人的学习方式都是独特的，有的人善于通过阅读来获取知识，有的人则更擅长通过视听结合的方式来学习。在追求知识的道路上，我们不应畏惧尝试新的学习方法。只有勇于迈出那一步，才能发现与自身更为契合的学习方式，从而更有效地获取知识、提升自我。

在尝试的过程中，我们可能会遇到挫折和困难，但正是这些挫折和困难，才让我们更加坚定自己的信念，更加珍惜那些来之不易的收获。我们要相信，每一次尝试都是一次宝贵的经验，都会让我们更加接近最适合自己的学习方式。

其次，在尝试不同的学习方式后，我们要善于反思和总结。我们要思考哪种学习方式更适合自己，哪种方式能够让我们更高效地获取知识。在学习的旅程中，我们同样需要密切关注自己的学习状态，并根据实际情况灵活调整学习策略，以确保自己始终处于最佳的学习状态。

调整学习策略并不意味着我们要完全放弃之前的方法，而是在保留优点的基础上，不断改进和完善。例如，如果我们发现自己在阅读时容易分心，可以尝试使用番茄工作法来提高自己的专注力；如果我们觉得自己的记忆力不够强，可以尝试使用记忆宫殿等记忆方法来强化记忆力。

然而，每个人的学习风格、思维模式和兴趣点都是独一无二的。因此，找到最适合自己的学习方式需要时间和耐心。我们需要勇于尝试不同的学习方法，并观察这些方法对我们学习效果的影响。我们要相信自己的能力和潜力，不断挑战自己、超越自己。在追求知识的道路上，除了坚持不懈地努力找到最适合自己的学习方式外，我们同样需要保持对学习的热情和兴趣。这种热情和兴趣不仅能够激发我们持续探索的动力，还能让学习成为我们生活中重要的组成部分。

在广袤的学习海洋中，我们时常会遭遇各种各样的困难和挑战，它们如同航程中的风浪，试图阻挠我们前行的步伐。然而，正是这些挑战和困难，构成了我们成长的阶梯，塑造了我们的坚韧与毅力。只要我们坚持不懈地努力，就一定能够克服这些困难，实现自己的梦想。

最后，在学习的道路上，我们不要孤军奋战，而是要学会与他人分享交流学习心得和经验，这样不仅可以更深入地理解知识，还可以从他人的成功经验和失败教训中汲取营养，不断完善自己的学习方法和策略，找到最适合自己的学习方式。

我们还可以加入学习小组或社区，通过与志同道合的人一起交流学习心得，来拓宽视野，共享资源，激发学习的热情和动力；我们也可以参加线上或线下的学习分享会，聆听他人的成功故事和感悟。通过分享交流，我们可以共同成长、共同进步。

找到最适合自己的学习方式是一场探索之旅，这要求我们在保持学习热情和兴趣的同时，勇敢尝试新的学习方式，不断反思、总结自己的学习方法，并懂得与他人分享、交流学习心得和经验，以此来调整和完善自己的学习策略。让学习成为我们人生中最宝贵的财富，在这场探索之旅中与他人共同成长、共同进步。

» 触类旁通，拓宽视野

在学习的过程中，我们总是不断追求知识的深度和广度。然而，真正的学习并非仅仅局限于某一领域或某一学科，而是需要我们触类旁通，拓宽视野。

触类旁通，跨界学习

触类旁通，意味着我们在学习、工作和生活中，要善于发现事物之间的联系，通过类比、联想等方式，将所学知识运用到其他领域，从而拓宽知识边界，激发创新思维。这种能力不仅有助于我们在专业领域取得突破，还能让我们在生活中更加游刃有余，应对各种复杂局面。

首先，触类旁通需要我们保持好奇心。好奇心能够激发我们的求知欲和学习动力，使我们始终保持对新知识的渴望和追求。只有保持对事物的好奇心，我们才能不断发现新的联系，拓宽知识边界。因此，我们应该勇于尝试新事物，勇于挑战自己，不断拓宽自己的视野。

其次，触类旁通需要我们善于观察和思考。观察是发现事物联系的基础，而思考则是将观察所得转化为有用知识的过程。我们应该善于从多个角度观察事物，挖掘其中的内在联系，通过思考找到解决问题的新方法。

最后，触类旁通需要我们勇于实践。实践是检验真理的唯一标准。将所学知识运用到实践中，才能真正掌握知识的意义，发现其中的不足，从而不断完善自己。通过实践，我们可以将触类旁通的能力转化为实际成果，为自己的人生增添更多色彩。

拓宽视野，探索未知

拓宽视野，意味着我们要打破思维定式，拥抱多元世界，以更加开放的心态去面对生活中的各种挑战。这种能力不仅有助于我们拓展人际关系，还能让我们在职业发展中更加得心应手，实现自我价值。

首先，拓宽视野需要我们学会尊重他人。每个人都是独一无二的个体，拥有不同的文化背景、价值观和生活方式。尊重他人意味着我们要以包容的心态去接纳这些差异，从中汲取有益的营养，不断丰富自己的人生阅历。

其次，拓宽视野需要我们主动寻求新的信息来源。在信息爆炸的时代，我们要善于利用各种渠道获取信息，包括书籍、网络、社交媒体等。通过不断的学习和探索，我们可以了解到更多领域的知识，从而拓宽自己的视野，激发想象力和创造力。

再次，拓宽视野需要我们勇于接受挑战。在人生的旅途中，挑战不仅是成长的催化剂，更是推动我们不断超越自我、提升能力的关键动力。为了在竞争激烈的环境中立于不败之地，我们必须勇于面对挑战，将其视为成长的机会而非阻碍。挑战能够激发我们的潜能和动力。当面临困难或问题时，我们会调动内心的力量和智慧去寻求解决方案，这个过程正是我们不断成长和提升能力的过程。只有经过不断的挑战和磨砺，我们才能逐渐发现自己的潜能所在，进而将其转化为现实的力量。

最后，拓宽视野需要我们保持积极的心态。在追求成功的道路上，积极的心态是不可或缺的。面对生活中的种种挑战和困境，我们需要保持一种积极向上的精神状态，坚信自己能够克服一切困难。同时，失败也是一次学习

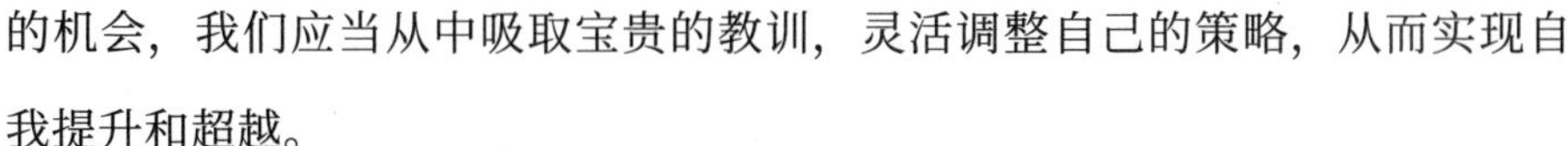

的机会，我们应当从中吸取宝贵的教训，灵活调整自己的策略，从而实现自我提升和超越。

触类旁通探新知，拓宽视野看世界

陈阳是一名普通的图书管理员，他每天的主要工作内容就是与书籍打交道。然而，陈阳对世界充满了好奇心，他并不满足于现状，而是渴望了解更多领域的知识。

一天，陈阳偶然读到了一本关于编程的书籍，书中介绍的复杂算法和逻辑结构让他着迷。他意识到，编程不仅仅是一堆枯燥乏味的代码，更是一种深刻而独特的解决问题的思维方式。于是，他开始自学编程，尽管过程艰难，但他从未放弃。

经过数月的努力，陈阳不仅掌握了编程技能，还将其应用到了实际工作中。他开发的这个高效的图书管理系统，不仅提高了工作效率，还赢得了同事们的赞誉。

这个小故事告诉我们，只要我们有触类旁通的能力，不断拓宽自己的视野，就能发现更多的可能性，实现自我超越。

触类旁通、拓宽视野是我们在学习过程中需要不断追求的目标。通过跨界学习、多元化学习、实践探索以及培养跨学科思维等方式，我们可以不断拓宽自己的知识视野和思维边界，从而发现学习的无限可能。同时，我们还需要保持对学习的热情和好奇心，不断探索和尝试新的领域和方式，不断追求知识的深度和广度，让学习成为我们人生中最宝贵的财富和力量。

» 在变通中不断突破自我

人生如同一条蜿蜒曲折的河流，我们驾着小船在其中航行，时常会遭遇险滩、暗礁和急流。然而，正是因为这些挑战和困难，才能促使我们变通，在每一次的转弯处寻找新的方向，不断突破自我，最终驶向成功的彼岸。

变通之道：不断突破自我的艺术

变通，是我们在面对困境时的一种智慧。它不是逃避，而是灵活地调整策略，以便更好地应对挑战。在变通中，我们学会了从不同角度思考问题，学会了在困境中寻找新的机会。这种智慧让我们在人生的道路上从容不迫，坚定自信。

突破自我，是我们在变通中的最终目标。它意味着我们要超越自己的极限，打破固有的思维模式和行为习惯。这需要我们勇敢地面对自己的弱点和不足，敢于挑战自己。在这个过程中，每一次突破都是一次成长，每一次的成长都会拉近我们与成功的距离。

首先，我们需要有坚定的信念和追求。在人生的道路上，我们会遇到许多困难和挫折。只有坚定的信念和追求，才能让我们在困境中保持清醒的头脑，不迷失方向。我们必须坚定地相信自己的潜力和价值，深信只要我们持之以恒地付出努力，终会实现内心深处的梦想。这份信念将是我们不断前进的动力源泉，指引我们穿越重重困难，直至抵达成功的彼岸。

其次，我们需要有不断学习和成长的心态。在变通中不断突破自我，需要我们不断地学习新的知识和技能，不断地提升自己的能力。我们要保持开放的心态，主动接受新的观点和思维方式，并从中汲取营养，以此促进自己的成长。

最后，我们需要有坚韧不拔的毅力。在追求突破自我、实现个人成长的道路上，我们不可避免地会遇到形形色色的困难和挫折。只有坚韧不拔的毅力，才能让我们在困难面前不屈不挠，坚持到底。我们要坚信自己拥有无限的潜力，这份信念将是我们最坚实的后盾。只要我们持续不懈地努力，不畏艰难，不怕失败，就一定能够逐步实现自己的目标。

总之，在变通中不断突破自我是一个需要勇气、信念、学习和毅力的过程。只有具备了这些品质，我们才能在人生的道路上不断前行，不断超越自我，最终实现自己的梦想。我们要学会在变通中寻找新的机会，在挑战中不断成长，在突破中实现自我超越。

灵活思维，无限可能：突破自我的秘诀

我们常常说，生活不会一成不变，就像天气有晴有雨，道路有平有坎。面对这些变化，如果我们墨守成规，不愿变通，那么很可能就会陷于当前困境无法自拔。变通，就是我们在面对困难时，能够灵活调整自己的策略和方法，是自我的新突破口。

要想学会变通，首先我们需要有一个开放的心态。这意味着我们要接受新观点、新想法，甚至是与自己原有观念相悖的信息。正是通过持续不断的学习和积累，我们才能逐步塑造出与众不同的思维方式和创新的问题解决策略。

在面对问题时，培养从多个角度去思考的习惯至关重要。这样的思维方式能让我们对问题有更加全面深入的理解，进而拓宽我们寻找解决方案的视野。通过不断尝试和实践，我们不仅能够锻炼自己的思维能力，还能逐渐提升解决问题的能力，为未来的挑战做好更充分的准备。

变通需要勇气。因为变通往往意味着我们要放弃原有的方法和习惯，去尝试一些新的、未知的东西。这可能会让我们感到不安和害怕，但只有勇敢地迈出那一步，我们才能真正地突破自我，实现自我超越。

通过变通，我们可以找到新的解决问题的方法，从而突破当前的困境。这不仅可以让我们在职场上取得更大的成功，还可以让我们在生活中更加游刃有余。

在变通的过程中，我们需要不断地学习、尝试和实践。这不仅可以提高我们的知识水平和技能水平，还可以增强我们的自信心和解决问题的能力。这种能力的提升会让我们在面对未来的挑战时更加从容不迫。

通过变通，我们可以接触到更多的信息和知识，从而拓宽我们的视野。这种视野的拓宽不仅可以帮助我们更好地理解世界，还可以激发我们的创造力和想象力。

在人生的道路上，变通是一种智慧，也是一种能力。学会变通，在面对困难和挑战时才能镇定冷静、不慌不忙。因此，让我们保持开放的心态、多元的思考和勇敢的尝试，在变通中不断突破自我，实现自我超越。

» 终身学习，不被时代淘汰

在这个日新月异、瞬息万变的时代，我们每个人都被时代的浪潮裹挟，无法停滞不前。要想在这快速变化的世界中立足，不被时代淘汰，我们必须秉持终身学习的理念，不断充实自我、提升自我。

领跑未来，从终身学习开始

随着科技的日新月异，新知识、新技术如雨后春笋般涌现，传统的行业和职业正经历着翻天覆地的变革。在这个快速变化的时代，我们如果停滞不前，不接受新知识，就很容易被时代淘汰。因此，终身学习成为我们适应社会发展、实现个人成长和进步的必要条件。只有不断学习，我们才能不断超越自我，实现个人价值。

好奇心是驱动我们学习的原动力。我们要时刻保持好奇心，勇于探索，不断追寻知识的边界，开拓属于自己的无限可能。同时，我们也要保持强烈的求知欲，不断追求知识的深度和广度。只有这样，我们才能在终身学习的道路上越走越远。

终身学习是应对职业变革的必然要求。在科技日新月异的今天，产业的转型升级已成为常态，许多传统行业和职业正面临着前所未有的挑战和变革。为了保持竞争力并适应这种变革，我们必须不断学习和掌握新的知识和技能。

如果我们停滞不前，拒绝学习，那么很可能就会被时代淘汰。因此，终身学习是我们保持职业竞争力的关键。

终身学习是提升个人素养和能力的重要途径。在学习的旅途中，我们收获的远不止新的知识和技能。这一过程实质上是一个全方位的自我提升，它深刻影响着我们的思维能力、创新能力和解决问题的能力。这些能力不仅有助于我们在工作中取得更好的成绩，也有助于我们在生活中更加从容地应对各种挑战和困难。

终身学习已成为跟随社会发展的必要条件。随着社会的不断进步和发展，我们所处的环境也在不断变化。这些变化可能包括新政策、新技术、新文化等。如果我们不保持学习的状态，就很难适应这些变化。而终身学习可以让我们时刻保持敏感性和适应性，不断调整自己的思维和行为方式，以适应社会的发展。

终身学习还有助于我们实现个人价值和梦想。每个人都有自己的梦想和追求，而这些梦想的实现往往需要不断学习和进步。终身学习不仅仅是适应社会发展的基石，更是我们不断超越自我、实现个人价值和梦想的强大动力。它使我们能够持续探索新的领域，深化对世界的理解，从而不断拓宽自己的视野和边界。

终身学习是一种生活态度和精神追求。它激发了我们内心对世界无尽的好奇心和探索欲，推动我们不断追求真理、寻求智慧。在这个过程中，我们不仅可以获得知识和技能的提升，还可以体验到学习的乐趣和成就感。这种生活态度和精神追求让我们的人生变得更加充实和有意义。

终身学习，让成长永不止步

在快速发展的今天，终身学习不再是一个空洞的口号，而是我们每个人在职业生涯和人生道路上不可或缺的一部分。无论是为了保持职业竞争力，还是为了满足个人成长和发展的需要，终身学习都显得至关重要。

在终身学习的过程中，为了更有效地获取知识、技能和经验，我们需要善于运用多种学习方式。除了传统的课堂学习和书本阅读外，我们还可以通过网络课程、在线讲座、研讨会等方式获取新知识。此外，我们还可以通过实践、交流、反思等方式来巩固和深化所学知识。综合运用多种学习方式，我们才能更好地应对不断变化的世界。

在终身学习的过程中，设定明确的学习目标至关重要。这些目标可以是长期的职业规划，也可以是短期的技能提升计划。设定明确的目标可以让我们更加有针对性地进行学习，避免盲目性和无效性。同时，我们还要根据目标的完成情况不断调整和优化学习计划，确保学习效果的最大化。

自主学习能力在终身学习的道路上扮演着至关重要的角色，它是实现持续学习和个人成长的关键能力。在快速变化的时代中，我们很难预测未来的发展方向和需求。因此，为了在终身学习的道路上不断前行，我们必须具备自主学习能力。这种能力使我们能够主动出击，自主寻找适合自身需求的学习资源，精心制订个性化的学习计划，并定期对学习效果进行评估与调整。通过这样的学习方式，我们能够更好地掌握新知识，实现个人成长与发展。

终身学习是提升职业竞争力的关键所在。在这个日新月异的时代，新知识和新技能层出不穷，只有持续不断地学习，我们才能紧跟时代的步伐，不被淘汰。因此，终身学习不仅是个人成长的需要，也是提升职业竞争力的必然选择。

终身学习的重要性不仅仅在于它能显著提升我们的职业技能和知识水平，更在于它能深远地推动我们的个人成长和全面发展。通过不断学习，我们可以不断超越自我，实现个人价值和梦想。

终身学习不仅可以让我们在快速变化的时代中保持竞争力，还可以促进我们的个人成长和发展。因此，我们应当坚定地秉持终身学习的理念，将不断充实自我、提升自我作为我们生活的座右铭。这种持续的学习态度不仅有助于我们在职业生涯中保持竞争力，也能促进我们的个人成长和全面发展。只有这样，我们才能在未来的道路上越走越远，不被时代淘汰。同时，我们也应该积极倡导和推广终身学习的理念，让更多的人加入到终身学习的行列中来，共同推动社会的进步和发展。

第八章

心态变通：笑看风云变

在人生的旅途中，我们时常会遭遇各种风云变幻，如同天空，时而晴朗明媚，时而乌云密布。然而，真正能够让我们在变幻莫测的世界中屹立不倒的，是一颗变通的心态。当风起云涌时，我们若能够学会以平和的心笑看风云变，就能够不为外界所扰、不为困境所困。努力培养一颗懂得变通的心，可以让我们在人生的道路上更加从容不迫，笑对一切挑战。

» 看到问题的另一面

在生活或工作中，我们不可避免地会遇到各种问题和挑战。这些问题和挑战如同许多大大小小的沟壑一般，常常使我们感到迷惘与焦虑，不知怎样才能成功跨过去。其实，这些问题与挑战并非想象中那般不可逾越，但如果我们学会转换视角，从另一面对问题进行审视，就能够免于诸多问题的困扰。

多面审视，问题不再是绊脚石

唯物辩证法揭示了一个普遍原理：任何事物都具有复杂的两面性或多面性。事物的一面总是与另一面相互对立又相互依存。因此，问题并不总是带来困扰和阻碍，关键在于我们如何去看待它。当我们遇到问题时，若能跳出单一视角，对问题进行多面审视，能够从不同的角度、不同的层面去分析问题，就能发现问题背后蕴含的积极因素。那么，我们在遇到问题时如何才能更好地做到多面审视呢？

我们要拥有开阔的视野。开阔的视野能够让我们看到问题的多个层面，发现隐藏在问题背后的深层次原因，精准判断事物的发展趋势。在日常生活中，我们可以通过读书、旅行等方式来获取不同的信息，拓宽自己的视野，这有助于我们在遇到问题时作出更理智的决策和判断。

我们要具备敏锐的洞察力。洞察力并非与生俱来的能力，而是要通过有效的生活实践与社会实践的不断总结与积累。当培养出敏锐的洞察力后，我们就能够凭借一双慧眼看到问题背后蕴含的潜在规律，精准把握问题的关键，并从中发现积极的因素。

我们要具备灵活多变的思维。固有的思维方式只会增加问题解决的难度。当遇到棘手的难题时，我们要尝试从不同的维度去审视问题，根据问题的性质灵活调整思路和策略。这种灵活的思维能够提高解决问题的效率，还能够帮助我们更好、更快地适应不断变化的环境，并从中发现新机遇。

我们要保持积极乐观的心态。当然，这种乐观的心态并非盲目的，而是要对问题进行深入分析。若我们能够始终保持积极的心态，就会发现情况其实并非像想象中那样糟糕，有些问题可能也蕴藏着积极的因素，等待我们去发掘。这种积极的心态能够让我们在面对问题时更加从容不迫，进一步激发我们的创造力，使我们在解决问题的过程中实现自我超越。

总之，我们培养出的敏锐的洞察力、灵活的思维和积极的心态，有助于我们从多个层面和角度审视问题，从而更加透彻地了解问题的本质，发现问题背后蕴含的积极因素。这样一来，问题就不再是绊脚石，而是助推我们成长的重要力量，能够让我们在生活和工作中变得更加从容和自信，不断迎接新的挑战，发现新的机遇与可能。

转换视角，从困境中窥见新机

人生中的每一幕都有其两面性，既有消极阴暗的一面，也有积极明亮的一面。正如老子在《道德经》中所言：“祸兮福之所倚，福兮祸之所伏。”这句话深刻揭示了人生福祸相依、相互转化的道理。在生活中，那些看似完美的瞬间，背后可能隐藏着未被发掘的忧患；而那些看似绝望的困境，也许正孕育着新的生机。

当我们身陷困境时，往往只会看到问题带来的消极影响，并因此感到无助和沮丧，而忽视了其他的可能性。如果我们能够学会变通心态，转换自己的视角，从另一个角度审视问题，也许就能从困境中窥见新机遇。这些机遇或许是一个提升自身能力的契机，或许是一个改善人际关系的良机，也或许是一个新的商业机会。通过转换视角，我们便能够及时发掘并抓住这些机遇，将困境转化为助力自己成长和进步的动力。

困境可以帮助我们实现更好的成长。在困境面前，我们不仅要直面自己的弱点和不足，还要努力作出改变。这是一个涅槃重生的过程，虽然有些痛苦，但也是我们获得成长和进步的必经之路。当我们努力走出人生困境后，我们就能够积累更多的人生经验，为未来发展打下更坚实的基础。

困境可以激发我们的创造思维。遇到困境时，一些常规的方法也许并不能帮我们有效解决问题，这时就需要去寻找新的解决方法。在突破困境的过程中，我们必须跳出固有的思维框架，构建新的思维模式，这样可以激发我们的创新思维，提高我们应对困难和挑战的能力。

困境可以帮助我们巩固人际关系。在生活中遇到困境时，我们会得到家人和朋友的支持与开解；在工作中遇到难题时，我们也会得到同事的支持与帮助。他们的支持会给予我们极大的温暖和力量，同时也会增强彼此之间的联系。

当我们学会转换视角，勇于尝试新方法，敢于挑战自我，不被眼前的困难打倒，就能够从困境中窥见新机，从而不断超越自我，获得更好的成长。

总之，当我们遇到问题时，要学会看到问题的另一面，通过多面审视和转换视角，更加全面、深入地了解问题的本质和复杂性，从中发现更多的新机遇。这样，当我们再次遇到问题和困境时，就能够更加从容地应对，真正实现个人的成长和进步。

» 随遇而安，随机应变

在这个快速变化的世界中，我们时常面临各种不可预见的挑战。面对这些挑战，我们需要始终保持一种“随遇而安，随机应变”的生活态度，这样才能更加平和地面对生活的起伏，灵活地应对环境的变化，在复杂多变的世界中寻觅到属于自己的安宁。

随遇而安，平和面对生活的起伏

随遇而安，意味着我们要以平和的心态去面对生活中的各种境遇。无论是身处顺境还是逆境，我们都要保持内心的平静和坚定。这种从容不迫的态度能够帮助我们在面对困难时保持冷静，不轻易被外部环境影响，从而更自如地应对生活中的各种挑战。

我们无法预知未来，但我们可以选择以何种态度面对未来生活的起伏。随遇而安，平和面对生活的起伏，是我们感悟生活真谛、获得人生智慧的重要途径。

我们要有一颗包容和接纳的心。在生活中，我们总会遇到各种不如意的事情，如健康问题、人际交往中的摩擦等。这些困难和挫折，如同绊脚石一样阻挡了我们前行的步伐。然而，如果我们能够保持随遇而安的生活态度，以平和的心态去面对这些挑战，就会发现这些绊脚石其实是我们成长道路上的试金石。正是它们让我们的性格更加坚韧，让我们更加成熟稳重，也让我们更加懂得珍惜和感恩。

我们要保持淡定的人生态度。人生的旅途中充满了起起伏伏，我们可能会到达高峰，也可能会跌落低谷。当我们身处巅峰时，切勿骄傲自满，要时刻保持谦虚和谨慎；当我们陷入低谷时，也不要气馁和沮丧，而要勇敢直面挑战。只有拥有一颗淡定的心，我们才能在生活的起伏中保持内心的平衡，不被外部环境影响。

我们要学会放下无法控制的事情。人生中有许多事情是我们无法控制的，如天气、他人的行为等。对于这些不可控因素，我们要学会放下，不要过度纠结和执着，这样只会让我们陷入焦虑中。只有学会放下，我们才能轻装上阵，将更多时间和精力投入自己能够控制的事情中，如做好情绪管理、优化行动决策等。这样我们才能更从容地应对生活的挑战，实现自己的目标和梦想。

我们要培养一种积极乐观的心态。这种心态可以让我们在困境中看到希望，在挑战中发现机遇。当我们遇到困难时，我们要相信自己有能力克服它；当我们面临挑战时，我们要勇敢地迎接它。同时，我们还要学会感恩和珍惜，感恩那些帮助过我们的人，珍惜那些陪伴我们走过人生旅程的人和事。

总之，保持随遇而安的心态，能够让我们在生活的起伏中保持内心的平静和安宁，不被外部的环境影响。只有拥有这种智慧，我们才能更加从容地应对人生的挑战，坚守内心的信念，在人生旅途中感受到更多的幸福和满足。

随机应变，灵活应对环境的变化

在这个瞬息万变的时代，我们时常需要应对各种难以预测的变化。这些变化可能来自工作岗位的调整、生活节奏的改变、人际关系的演变，甚至也可能来自自然界中的不可抗力。面对这些纷繁复杂、难以预测的变化，我们需要具备一种随机应变的能力，始终保持一种处变不惊的心态，这也是我们在不确定性中保持稳定、实现自我成长的关键。

我们要学会控制情绪。当变化突然发生时，我们的内心可能会感到不安、焦虑甚至恐惧。然而，这些情绪不仅无法帮助我们应对变化，反而会阻碍我们作出明智的决策。因此，我们需要学会控制自己的情绪，始终保持冷静的头脑和清晰的思维，以便准确地分析变化趋势，制定出有效的应对策略。

我们要增强自我认知。我们要深入了解自己的优劣之处和兴趣所在，并设立明确的个人目标，塑造出正确的人生观和价值观。这样在面对变化时，这种深刻的自我认知就可以使我们更加清晰地判断自己的能力和需求，从而明确自己应该采取何种行动来应对。这种内心的坚定和自信，使我们在应对变化时保持冷静并作出明确的决策。

我们要保持学习的热情。学习是一个持续不断的过程，我们要不断学习新知识和新技能，始终保持对新事物的好奇心和探索精神，以提高自己的适应性和创造力。无论我们处于人生的哪个阶段，我们都应该保持一颗学习的心，不断拓宽自己的视野，增强自己应对变化的能力。

总之，学会控制情绪、增强自我认知、保持学习的热情，可以有效提升我们的随机应变能力，使我们在环境发生变化时，可以理智并迅速地调整自己的策略和计划，以适应新的情况，从而实现自我成长和稳定发展。

随遇而安和随机应变是一种相辅相成的生活态度和智慧。随遇而安让我们保持内心的平静和坚定，随机应变则让我们能够以一种处变不惊的心态灵活应对环境的变化。我们应该努力培养这两种能力，这样我们便可以在复杂多变的时代中保持竞争力，实现自我价值。

» 自信让你更接近成功

成功的道路并非一帆风顺，它充满了各种挑战和困难。有时，我们会因畏惧未知而止步不前；有时，我们会因缺乏信心而错失良机。在这个过程中，有一种力量，它如同指南针一般引领我们穿越迷雾，让我们在逆境中挺直腰板，更加坚定地前行，那就是自信。

自信，是一种无形而磅礴的力量，它不仅仅是我们内心的强大支撑，更是我们通往成功之路必备的精神品质。自信，让我们在困难面前不屈不挠，让我们在挑战中勇于超越自我，更让我们在追逐梦想的道路上更加坚定与执着。

自信是成功的第一秘诀

在森林中，有一只小乌鸦孤零零地站立在树梢上，失落地看着其他鸟儿们嬉戏。小乌鸦的羽毛通身乌黑，这让它在五彩斑斓的鸟类世界中显得平凡又普通。它十分羡慕那些羽毛艳丽、歌声动听的鸟儿，也时常因自己一无是处而自怨自艾。

一天，森林里准备举办一场盛大的鸟类才艺大赛。小乌鸦看到其他鸟儿们都踊跃报名，自己也跃跃欲试，但它心里又想到："我没有美丽的羽毛，也没有动听的歌声，怎么与其他鸟儿竞争呢？"它既自卑又焦虑，但是在朋友们的再三鼓励下，小乌鸦还是鼓起勇气报了名。

比赛来临后，其他鸟儿们纷纷展示出精彩的才艺。有的鸟儿身穿美丽的羽毛在丛林间翩翩起舞，有的鸟儿凭借清脆的嗓音在溪流边高声歌唱。等到小乌鸦展现才艺时，它内心充满了紧张与不安，甚至都难以振翅高飞。

在窘迫的境遇下，小乌鸦听到了朋友们的暖心鼓励，于是它告诉自己不能放弃这次机会，这时它突然想起自己会模仿其他动物的声音，于是它决定将这个特长作为才艺展示出来。小乌鸦重塑自信，敏捷地飞到一棵高大的树上，开始模仿各种动物的声音，它模仿得惟妙惟肖，声音时而高亢、时而低沉，引得评委和其他鸟儿们连连称赞。

比赛结束后，评委们都对小乌鸦的表现赞不绝口。他们评价道："小乌鸦虽然没有美丽的羽毛和动听的歌声，但它用自己的自信和独特的才艺赢得了大家的认可。"从此以后，小乌鸦变得更加自信了，还获得了朋友们的尊重和喜爱。

这个寓言故事告诉我们：无论我们身处哪种环境，拥有怎样的条件，只要我们相信自己并为之付出努力，就一定能够取得成功。正如美国思想家爱默生所说："自信是成功的第一秘诀。"

自信能够提升我们的自我价值感，让我们在人际交往中更加从容。在竞争激烈的社会中，一个自信的人往往更容易获得他人的认可和信任，从而为自己赢得更多的机会和资源。同时，自信还能帮助我们建立良好的人际关系，与他人携手共进，共同实现目标。

自信能够增强我们的创新能力，让我们在面对复杂问题时更加敢于尝试和突破。一个自信的人会相信自己的能力和智慧，敢于挑战传统观念，勇于尝试新的方法和思路。这种创新精神正是推动社会不断进步与个人持续成长的核心动力。

自信，是一种强大的内在力量，能够激发我们的潜能，让我们在面对困难时更加坚韧不拔，让我们在机遇面前更加果敢。一个自信的人，总是能够敏锐地抓住每一个机遇，勇敢地迈出通往成功的坚实步伐。

塑造自信，从内而外实现蜕变

在探索成功的道路上，我们总会经历无数次的起起落落，而自信始终是我们最坚实的后盾。正是这份自信，我们才能在风雨中坚守初心，不断超越自我，不断向着成功的彼岸迈进。然而，自信并非与生俱来，它需要我们在后天不断培养和塑造。那么，我们应该如何塑造自信呢？

我们要正确认识自己。每个人都有自己独特的优点和长处，我们要明确自己在哪些方面具有优势，要善于发现并肯定自己的能力和价值。同时，我们也要正视自己的不足和缺陷，并努力改进和提升自己。只有真正认识自己，对自己进行客观的评价，才能建立自信的基础。

我们要设定明确的目标。当我们设定了具体的目标并为实现目标而努力奋斗时，我们的能力和技能会得到提升，也会逐渐积累成功的经验。这些成功的经验将成为我们自信的源泉，让我们在面对困难时更加坚定和自信。

我们要进行积极的自我对话。在内心进行积极、正面的自我交流和评价，比如学会感恩和赞美自己，经常用积极的语言和态度来激励自己，这对建立自信起着至关重要的作用，能够激发我们内心的积极情绪，如乐观、满足和自豪等，进而增强我们的心理能量，帮助我们保持自信。

我们要时刻保持学习的欲望。学习是提升自信的重要途径。通过不断学习新知识、新技能，充实自己的知识储备，提高自己的技能水平和素质，能让我们在面对生活或工作中的各种问题和挑战时变得更加从容和自信。

总之，真正的自信建立在自我认识、自我接纳和自我提升的基础之上。在塑造自信的过程中，我们需要不断地学习、成长和反思，这样才能获得个人和事业上的成功。

当我们回首过去，会发现每一次挑战、每一次尝试，都是自信在为我们铺路，为我们指明方向。因此，我们要怀揣着这份自信继续前行，只要我们敢于追求、敢于挑战自我，并为之付出努力，就一定能够在人生的旅途中散发出更加耀眼的光芒。

» 大丈夫能伸更能屈

每个人都渴望成为一个令人敬仰的“大丈夫”，那么何为“大丈夫”呢？真正的“大丈夫”，并非在于外表的魁梧，而在于内心的坚韧与智慧。作为“大丈夫”，不仅能在得志时大干一番，昂首挺胸、勇往直前，也能在失意时屈身忍耐，在逆境中低头，在困境中蛰伏，积蓄力量，等待时机。这就是“大丈夫能伸更能屈”的真谛。

“大丈夫能伸更能屈”，这不仅仅是一种智慧，更是一种勇气，一种在风雨中屹立不倒、在困境中寻求突破的力量。正如古人所言，“屈伸自如，方显英雄本色”。在现实生活中，这种宝贵的品质亦是我们战胜挑战、实现梦想的强大精神武器。

伸展之勇：大丈夫的担当与魄力

所谓“伸展”，是指大丈夫在关键时刻能够展现出担当与魄力。一个真正的大丈夫，应该有着坚定的信念和无尽的勇气，无论面对怎样的困难和挑战，都能毫不畏惧地迎难而上，勇于承担责任和使命。

以历史人物为例，我们不难找到这样的“大丈夫”。比如，南宋时期的岳飞，他身怀报国之志，坚持抗金，誓要收复失地，率领岳家军多次击败金军，保卫了南宋的江山，为国家争取了和平与尊严。岳飞的英勇事迹和坚定信念，以及他那种“壮志饥餐胡虏肉，笑谈渴饮匈奴血”的豪迈与担当，让他成为后世敬仰的英雄。

又如，清朝时期的林则徐，当时鸦片走私泛滥，严重危害国家利益和人民健康，林则徐被委以重任，领导了著名的“虎门销烟”运动，公开销毁鸦片，显示了清政府禁烟的决心，有效打击了鸦片走私活动，维护了国家的利益和尊严。他还积极整顿海防，加强国家军事力量，以应对外敌的侵略。他的坚定立场和大丈夫气节，使他成为当之无愧的民族英雄。

这些例子告诉我们，大丈夫的“伸”不仅仅是一种勇气，更是一种担当和魄力。他们都有坚定的信念和明确的目标，能够为了国家和人民的利益不惜付出一切代价，能够在关键时刻挺身而出，为实现远大理想和抱负竭尽全力。他们的行动和贡献，不仅改变了历史的进程，也为我们树立了学习的榜样。

大丈夫的伸展之勇，是对自身能力的充分信任，也是对人生价值的不断探索和追求；大丈夫的伸展之勇，不仅仅体现在面对困难和挑战时的坚韧与担当，更在于拥有开阔的胸怀和远大的志向。我们都应当做一个大丈夫，勇于突破自我，不断挑战极限，以无畏的精神和坚定的信念，在人生的道路上不断伸展，追求更高的成就和更远的未来。

屈身之智：大丈夫的柔韧与策略

在现实生活中，我们不可避免地会遇到各种挫折、失败和不顺心之事。我们如果一味地坚持自己的立场和原则，不肯低头、不肯妥协，那么很可能会陷入困境，甚至导致失败。因此，大丈夫不仅应具备伸展之勇，也应该具备一种“屈身之智”，即能够在适当的时候放下身段、放下尊严，以退为进、以柔克刚。这种智慧和品质不仅能够帮助我们化解矛盾、解决问题，还能够让我们在逆境中保持冷静和理智，从而找到更好的解决方案。

以汉朝开国皇帝刘邦为例，他在与项羽的争霸战争中屡战屡败，但他从未气馁。相反，他善于运用“屈”的智慧，在关键时刻放下身段，向项羽求和。他深知自己的力量还不足以与项羽抗衡，因此他选择了隐忍和退让。最终，他凭借卓越的智慧和深远的谋略，成功击败了项羽，建立了大汉王朝。

又如，西汉时期的史学家司马迁，他继承父亲遗志，立志撰写《史记》。但当他因替李陵辩护而触怒汉武帝遭受“腐刑”后，他仍没有放弃志向，而是忍辱负重，历经18年完成了被誉为“史家之绝唱，无韵之离骚”的巨著《史记》，体现了大丈夫的坚韧与毅力。

再如，现代企业家任正非，他在华为面临重重困境时，选择了“屈”的策略。他放下了过去的荣耀和成就，与竞争对手合作、学习，不断提升华为的技术水平和市场竞争力。正是他这种“屈”的智慧和策略，让华为在竞争激烈的国际市场上脱颖而出。

这些例子告诉我们，大丈夫的“屈”并不是软弱和退缩的表现，而是一种智慧和策略。他们知道，什么时候应该放下身段、以退为进，什么时候应该保持冷静、寻找机会。这种“屈”的智慧和策略能够让他们在逆境中化危为安，实现自我超越。

总之，“大丈夫能伸更能屈”蕴含了深刻的人生哲理和处世智慧。它告诉我们既要有勇气去“伸”展自己、追求梦想，也要有智慧去“屈”身应对、化解危机。只有这样我们才能真正成长为一个大丈夫，在面对人生中的种种挑战时，能够保持冷静与理智，不因一时的得失而迷失方向，不因短暂的挫折而丧失信心，能够在困难中寻求机会，从而更加坚定地走向成功。

第九章

方法变通：船小好调头，人活易变通

在复杂多变的世界上，一成不变的方法往往难以应对所有的问题。如同航行在河流中的小船，要想在急流险滩中安全前行，就需要不断地调整方向，灵活变通。同样，人生亦是如此，只有学会变通，我们才能在遇到困难和挑战时迅速调整策略，找到解决问题的最佳途径，从而使我们的人生道路更加平稳。

» 因地制宜，因时制宜

在变幻莫测的时代，我们如何才能保持竞争力、实现自我价值？这就需要我们巧妙运用“因地制宜”和“因时制宜”的智慧，根据自身的具体情况和外部环境的变化，灵活调整做事的方法和策略，因地制宜找准自身定位，因时制宜确定发展方向。

因地制宜，量体裁衣

“因地制宜”一词出自东汉赵晔的《吴越春秋·阖闾内传》，书中有言：“夫筑城郭，立仓库，因地制宜，岂有天气之数以威邻国者乎？”因地制宜，是指在做决策时应根据不同环境的实际情况制定相应的办法，确保决策的有效性和可行性，以达到最佳效果。

《晏子春秋》中也记载了一则关于晏子巧妙运用“因地制宜”原则处理外交事务的故事，即“橘生淮南则为橘，生于淮北则为枳”。

这个故事发生在晏子出使楚国之时，当时楚王为了展现楚国的强盛，打压齐国，故意在接见晏子时命人押上来一个齐国的盗窃犯。楚王指着被捆绑的盗窃犯，傲慢地对晏子说：“齐国人本来就善于偷窃吗？”晏子知道楚王是在侮辱齐国，他并没有直接反驳，而是巧妙地回答说：“我听说，橘树在淮河以南生长就是橘树，在淮河以北生长就变成了枳树，尽管两种树的叶子形状相似，但果实味道却完全不同。这究竟是何原因呢？就是因为水土条件不同。老百姓在齐国生活时没有偷窃行为，到了楚国却学会了偷窃，难道是楚国的水土会使人变成盗贼吗？”楚王听后，一时竟无言以对，只好尴尬地笑着收场。

这个故事不仅仅展现了晏子的智慧和口才，更深刻地体现了“因地制宜”的原则。面对楚王的侮辱，晏子没有直接反驳，而是巧妙地运用“南橘北枳”的例子来说明事物的本质会受到不同环境条件的影响。这个故事告诉我们，在处理任何问题时，都要根据具体情况和环境条件来制定适宜的方法和策略，这样才能取得事半功倍的效果。

同样的道理，在个人成长中，“因地制宜”也是一种重要的人生智慧。“因地制宜”意味着我们需要根据自身的实际情况，选择最适合自己的发展道路。这就像裁缝在为顾客制作衣服时，会根据顾客的身材和喜好来剪裁布料，以确保衣服既合身又美观。在人生道路上，我们也需要“因地制宜”“量体裁衣”，找到最适合自己的成长方式。

以职业选择为例，我们需要先充分了解自己的兴趣和优势，然后根据自己的实际情况选择适合自己的职业方向，这样才能极大增加取得成功的可能性。比如，一个对艺术有着浓厚兴趣的人，可以注重绘画、音乐或设计等艺术领域的发展；一个对数字敏感、逻辑思维能力强的人，则更适合从事财务或数据分析工作。通过因地制宜，我们可以更好发挥自己的优势，实现个人价值。

因时制宜，顺势而为

“因时制宜”强调了把握时机的重要性。在快速变化的社会中，只有不断地适应时代的变化，才能保持长久的竞争力。在人生道路上，把握时机与努力奋斗往往是同等重要的。如果我们能够敏锐地捕捉到时代发展的脉搏，并根据时代的变化和发展趋势及时调整自己的行动方向，那么就能抓住机遇，成就一番事业。

以创业为例，创业者必须保持敏锐的洞察力，紧盯市场动态和消费者需求的变化。当一个新的商业模式或技术出现时，创业者如果能够迅速把握机遇，将其应用到自己的创业项目中，那么就有可能抢占市场先机，实现快速发展。比如，在互联网兴起时，许多创业者通过开发移动应用、搭建电商平台等方式，成功实现了创业梦想。

那么，我们如何才能做到“因时制宜”，更好地顺应时代潮流，抓住机遇呢？

我们需要关注时代的发展趋势。随着科技的进步和社会的发展，许多新行业与新职业不断涌现。我们需要保持敏锐的洞察力，关注行业动态和市场变化，及时捕捉新的发展机遇。比如，在数字经济时代，大数据、人工智能等新兴技术蓬勃发展，我们要及时掌握并运用这些新技术，这样才能在未来的竞争中占据有利地位。

我们需要保持学习的热情。在竞争激烈的现代社会中，我们需要具备更强的学习能力和适应能力，通过不断学习更新知识储备，培养创新的思维方式和解决问题的能力，不断拓宽自己的知识领域、掌握新的技能，以便更好地适应社会的发展需求。

我们需要保持创新思维。在快速变化的时代背景下，只有保持创新思维，我们才能不断发现新的机遇并创造出新的价值。我们要勇于尝试新的方法和思路，不断更新思维方式，敢于挑战既有观念，积极探索新的可能性。

一个具有远见卓识的人，往往能够敏锐洞察当下及未来的发展趋势，提前做好准备，迎接任何挑战；一个懂得因时制宜的企业，往往能够在重要的时代转折期及时调整企业的发展方向，让时代大势推动自己不断向前，真正做到“好风凭借力，送我上青云”，最终实现可持续发展和百年基业。

正如西汉桓宽在《盐铁论》中所言:“明者因时而变，知者随事而制。”在新时代浪潮中，我们必须敏锐地洞察时势，因时制宜，顺势而为，方能事半功倍，开创崭新的业绩，实现价值的飞跃。

总之，“因地制宜”与“因时制宜”是个人成长和职业发展中不可或缺的智慧。通过因地制宜，我们能够更好地发挥自己的优势；通过因时制宜，我们能够抓住机遇、成就一番事业。我们要不断运用这两种智慧，创造出更加美好和光明的未来。

» 多尝试，不怕失败，总能找到新出路

人生中总是充满了各种不确定性，也充满了各种未知的挑战。面对这些挑战，我们要勇于尝试，不畏惧失败和困难。在每一次的尝试中，不论结果如何，我们都能从中汲取经验，积累智慧，最终找到属于自己的新出路。这种不断尝试的精神不仅让我们在人生道路上更加从容，也在职业道路上为我们指引方向，让我们在追求梦想的道路上更加坚定与自信。

勇闯未知，持续发现更多可能

生活就像一幅宏伟的画卷，我们每个人都是这幅画卷上勇敢无畏的探险家。有时，我们可能会因为害怕未知而犹豫不前，但正是这些未知，才蕴含着无数的可能性和机会。因此，只有勇敢地走出舒适区，多去尝试与探寻那些未知的事物，我们才能发现更多的可能性，把握住每一次成长的机会。

我们要勇于跳出舒适区，去接触和学习不同的领域和技能。无论是学习一门新的语言，还是尝试一种新的运动，这些看似微小的尝试，都能让我们在不经意间发现新的兴趣点和潜力。通过坚持不懈的尝试，我们能够逐步积累起丰富的经验和宝贵的知识，为未来的发展奠定坚实的基础。

我们要发扬探索精神，敢于挑战自我、超越自我。人生是一场漫长的旅行，充满了各种挑战，我们只有勇敢尝试，持续不懈地探索未知，才能领略

到人生旅途中多姿多彩的风景，发现那些隐藏在平凡中的美好。

我们要努力挖掘自身的潜力。每个人身上都隐藏着巨大的潜力，但只有我们勇敢地迈出第一步，不断尝试新事物，不断挑战自己，这些潜力才会被激发出来。此外，挖掘自身潜力是一个长期的过程，并非一日之功，需要我们持之以恒的努力。

我们要时刻保持积极的心态。当遇到困难和挑战时，我们不要害怕和退缩，而应该抱着一种好奇和期待的心态去迎接。只有保持积极的态度，我们才能有足够的勇气和信心去面对挑战、克服困难，进而增强我们的意志和能力，实现真正的成长和进步。

在勇闯未知的旅途中，每一步都充满了挑战与新奇。我们或许会遇到风雨，或许会迷失方向，但正是这些不确定，塑造了我们坚韧不拔的品格，激发了我们内心深处的探索欲望。每一次的跌倒，都是为了更好地站起；每一次的失败，都是为了更辉煌的胜利。

无惧挫败，从容迈向人生之路

尝试并不总是可以获得成功。在尝试新事物的过程中，我们可能会遇到失败和挫折，但我们不能因此失去前行的信心和勇气。我们只有无惧挫败，才能从容地走过人生之路。因此，我们需要学会不怕失败，以积极的心态面对每一次挑战。

我们要认识到，失败并非阻碍我们前进的绊脚石，而是成功的垫脚石。每一次失败都意味着我们向成功的道路上又迈进了一步。通过总结失败的经验教训，我们可以更加清晰地认识到自己的不足和需要改进的地方，从而更有针对性地进行改进和提升。

无惧挫败可以让我们变得更加坚韧和成熟。在面对失败时，我们需要保持冷静和理智，认真分析失败的原因和教训，积极寻找解决问题的方法。这个过程不仅可以锻炼我们的意志力和耐力，还可以让我们更加成熟和自信。

无惧挫败可以激发我们内心的勇气和力量。在面对失败时，我们不能气馁和放弃，而是要相信自己有能力克服困难。我们可以从失败中寻找勇气和力量，激励自己不断前进。同时，我们也要学会从他人的成功中寻找启示和借鉴，激发自己的潜力和创造力。

无惧挫败可以让我们窥见失败背后的机遇和成长的机会。在面对困难时，无惧失败可以使我们保持清醒的头脑和理智的思维，不被挫折击垮，帮助我们在逆境中寻找到新的出路和成长的机会。

多尝试，不怕失败，总能找到新出路，这是一种积极的人生态度和行动准则。只有当我们勇敢地走出舒适区，多去尝试那些未知的事物，并在面对失败时保持坚韧与勇气，我们才能在人生的旅途中发现更多的机会和可能性。

在这个广阔无垠的世界里，总有一片未知等待我们去探索，总有一种可能等待我们去实现。我们要怀揣着对未知的敬畏与好奇，勇敢地迈出下一步，去揭示那些隐藏在黑暗中的光明，去触摸那些尚未被世人发现的宝藏，让人生在不断的尝试与探索中绽放出最耀眼的光芒。

» 方法混搭，效果翻番

处在急剧变化的社会环境中，我们常常会发现单一的方法或策略往往难以应对复杂的问题或挑战。然而，如果我们学会将不同的方法混搭使用，就能够产生意想不到的效果，实现事半功倍。

方法混搭，即在深入理解各种方法的基础上，将不同的方法、策略或技巧巧妙地结合起来，通过它们的互补和协同作用，形成独特的解决方案，达到效果翻番的目的。这种方法不仅展现了思维的灵活性和创新性，还可以全面提升我们解决问题的能力。

混搭策略：效果倍增的黄金法则

方法混搭策略是一种创新的思维方式，通过融合不同的方法，可以创造出更有价值的解决方案。这种混搭策略是实现效果倍增的黄金法则，具有多方面的特点和优势。

一是激发创新思维。方法混搭策略的核心在于不同方法的碰撞和融合。这种碰撞不是简单的叠加，而是通过深入理解和分析各种方法的特点，来找到它们之间的契合点，从而实现更好的融合。这种创新思维的碰撞，能够激发出解决问题的新思路，为解决复杂问题提供新的视角和途径。

二是实现优势互补。不同的方法往往具有各自的优势和局限性。通过混搭，我们可以将各种方法的优势结合起来，弥补彼此的不足，从而形成一个更加全面、高效的解决方案。例如，在品牌推广中，结合传统广告和数字化推广的方法，可以覆盖更广泛的受众，提高品牌知名度。

三是适应性较强。方法混搭策略具有高度的灵活性和适应性。在面对复杂的问题时，我们可以根据具体情况调整各种方法的比例和组合方式，以适应不同的环境和需求。这种灵活性使得混搭策略展现出了强大的生命力和竞争力。

四是多种策略协同。在方法混搭的过程中，我们会运用到多种策略和技巧。这些策略和技巧虽然各有特点，但在混搭的过程中，它们能够相互协同、相互支持，形成一个强大的合力。通过多种策略的协同，我们可以更加从容地面对各种问题，提高解决问题的效率和质量。

五是实践效果翻番。方法混搭策略的最终目的是实现效果的翻番。通过将不同方法混搭使用，我们能够在解决问题的过程中发现更多的机遇和可能性，为未来的发展打下坚实的基础。因此，方法混搭不仅仅是一种解决问题的手段，更是一种提升自身能力和实现长远发展的有效途径。

多元协同：方法混搭的创新之道

多元协同是方法混搭的核心，它强调在混搭过程中，各种方法之间要相互协同、相互支持，形成一个有机的整体。

以一家创新型科技公司为例，该公司通过多元协同策略实现了产品的快速迭代和市场的快速扩张。在生产经营中，该公司结合了敏捷开发、用户研究和市场营销等多种方法，创建了一个高效的研发团队和市场团队，并制定了相应的多元协同策略。例如，通过深入的用户研究，全面了解用户需求和行为习惯，从而为产品设计提供有力支持；通过运用市场营销方法和技巧将产品推向市场，实现快速扩张。

这种多元协同策略使得该公司在激烈的市场竞争中脱颖而出，实现了规模效益的持续增长。那么，我们在进行方法混搭时怎样才能更有效地实现各个方法之间的多元协同呢？

一是设定明确的目标。在进行方法混搭之前，先要明确目标，这样我们才能有针对性地选择合适的方法，并确定它们之间的协同关系。同时，明确的目标也有助于我们评估混搭策略的效果，以便及时调整和优化。

二是选择合适的方法。在选择方法时，要根据问题的性质和目标的要求，选择最适合的方法。同时，还要分析不同方法之间的共同点和差异，找出各种方法之间的互补性和协同性，确保它们能够相互支持、相互促进。

三是建立协同机制。为了实现各种方法之间的协同，我们需要建立一套明确、有效的协同机制。这包括明确各种方法的角色和职责、建立有效的沟通渠道、制定协同工作流程等。通过这些机制，我们可以确保各种方法之间能够顺利实现协同，发挥出最大的作用。

四是进行持续优化。混搭策略是一个持续优化的过程。在实践过程中，我们要不断评估各种方法的效果和协同程度，并根据实际情况进行调整和优化。通过持续优化，不断提高混搭策略的效果和适应性。

五是利用技术工具和平台。利用先进的技术工具和平台，如大数据、人工智能、云计算等，加速方法混搭和创新的过程。通过技术工具和平台的分析、预测能力，发现新的创新机会和趋势。

方法混搭是一种创新性的解决问题的思路和方法。它通过不同方法的碰撞和融合，实现创新思维的激发和多元化策略的协同作用，最终达到效果的翻番。在如今快速变化的社会环境中，我们需要更加灵活多变和创新的思维方式来应对各种挑战和问题。方法混搭正是这样一种有效的工具和方法，它能够帮助我们更好地适应变化、抓住机遇、实现自我提升和长远发展。

» 热问题要冷处理

在快节奏、高压力的社会环境中，我们时常会遇到各种棘手的“热问题”。这些问题如同炽热的火焰，容易激发我们的情绪，让我们陷入冲动与慌乱的境地。当这些问题出现时，我们往往会迅速作出反应，但却并没有真正地解决问题。

其实，在面对这些激烈、敏感或情绪化的“热问题”时，最有效的解决办法不是立即作出反应或决策，而是应该保持冷静，让自己有时间去思考和评估具体情况，从而在深思熟虑后采取一种更为理性和客观的方式去处理问题。

冷静，冲动是魔鬼

“热问题”往往伴随着强烈的情绪波动和紧迫的时间压力，这使得我们很容易陷入冲动和盲目的反应中。冲动是魔鬼，它往往会让我们作出错误的判断。冲动往往源于我们的情绪和本能反应，它让我们在瞬间就作出决定，而这些决定往往没有经过深思熟虑。这种缺乏理性的决定或行为，往往会带来不良的后果，加剧问题的严重性。

例如，在工作中，我们可能会因为与同事意见不合而冲动地发脾气，这不仅会破坏同事关系，还会影响工作效率；在生活中，我们也可能因为一些琐事而冲动地与家人争吵，这不仅会伤害彼此的感情，还会让家庭氛围变得更紧张。如果我们能够冷静下来，先听取对方的观点，再表达自己的看法，往往就能够找到双方都可以接受的解决方案。

冷静是一种更加理智、更加成熟的态度，也是解决问题的关键。当问题出现时，如果我们能够保持冷静，用客观的眼光审视问题的本质和原因，分析其中的利弊得失，就能够作出更为明智和有效的决策。冷静让我们能够避免因为冲动而作出错误的决定，从而在人生的道路上走得更加稳健。

那么，我们如何才能在面对问题时保持冷静呢？

首先，我们需要学会控制自己的情绪。当感到情绪激动时，可以尝试深呼吸、冥想或暂时离开现场来平复心情，避免因为情绪失控而作出错误的决策。

其次，我们需要学会换位思考。从对方角度出发，并怀有一颗同理心地来思考问题，深入理解对方的立场和感受，能够有效减少误解和冲突。

最后，我们需要学会倾听。在沟通中，倾听比表达更加重要。只有真正倾听对方的意见和想法，我们才能更全面地思考问题，避免因为偏见或固执而陷入思维困境。

总之，冷静是我们面对问题时的宝贵财富。只有保持冷静，我们才能够更加理智地分析问题、寻找解决方案，并在人生的道路上走得更加稳健。我们要时刻铭记：冲动是魔鬼，冷静才是我们最坚实的盾牌。

事缓则圆，人缓则安

古语有云："事缓则圆，人缓则安。"这句话提醒我们，在面对挑战和困境时，保持一种从容不迫的态度，往往能带来更好的结果。

"事缓则圆"意味着在处理事务时不必急于求成，而是应该给予自己足够的时间和空间去思考和规划，找到问题的根源和关键所在。许多复杂的问题并非一蹴而就，而是需要深思熟虑和逐步推进。如果我们过于急躁，往往会容易忽略重要的细节，从而导致决策失误或行动偏离方向。

“人缓则安”强调了人在面对压力和困境时，保持心态平和、从容的重要性。当我们感到焦虑、紧张或不安时，往往容易作出冲动的决定或行动，导致问题进一步恶化。如果我们能够保持冷静和镇定，不被情绪左右，就能够更加理性地面对问题，找到解决问题的办法。此外，当我们保持一种平和的心态时，也更容易与他人建立良好的关系，获得他人的支持和帮助，从而更好地应对挑战和困境。

很多时候，解决问题并不是一蹴而就的，而是需要时间和耐心来逐步解决。缓处理并不意味着拖延时间或者逃避问题。相反，这是一种更加积极和负责的态度。它要求我们在面对问题时，不仅要冷静思考，还要有足够的耐心和毅力去逐步解决问题。只有这样，我们才能以更加理智、更加有效的方式应对生活中的各种挑战。

“事缓则圆，人缓则安”是一种积极、理性的生活态度。在面对挑战和困境时，我们应该保持冷静、平和的心态，不被情绪左右，全面分析和评估问题，这样才能拟订出合理的解决方案。

总之，“热问题要冷处理”是一种重要的人生智慧。在面对问题时，我们需要保持冷静、避免冲动；同时，我们还需要学会缓处理、逐步解决问题。只有这样，我们才能更有效地解决在生活或工作中遇到的各种复杂问题。

第十章

生活变通：晴天留路，雨天有伞

生活就像一场旅行，我们无法预知前方的路况。然而，只要我们具备生活变通的智慧，就能在遇到困难时保持从容和自信。晴天时，我们留出一条通往未来的道路；雨天时，我们撑起一把遮风挡雨的伞。这种变通不仅体现在物质准备上，更体现在我们的心态和行动上。在生活中运用变通的智慧，可以让我们在人生道路上变得更加游刃有余，从而享受每一刻的美好。

» 找到适合自己的生活节奏

在繁忙的现代社会中，我们时常被外界的节奏所裹挟，仿佛被一只无形的手推动着不断前进，以致忽视了去寻找适合自己的生活节奏。我们要明白，每个人都有自己独特的生活节奏和步伐，找到适合自己的生活节奏，不仅可以帮助我们保持身心健康，还能让我们在追求梦想的道路上更加从容不迫。

每个人都有自己的时区

曾经看到过这样一首源自美国的诗《走在自己的时区里》："纽约时间比加州时间早三个小时，但加州时间并没有变慢。有人22岁就毕业了，但等了五年才找到好的工作！有人25岁就当上CEO，却在50岁去世。也有人50岁才当上CEO，最终活到90岁。有人依然单身，同时也有人已婚。奥巴马55岁就退任总统，而川普70岁才开始当总统。世上每个人本来就有自己的发展时区。身边有些人看似走在你前面，也有人看似走在你后面。但其实每个人在自己的时区中有自己的步程。不用嫉妒或嘲笑他们。他们都在自己的时区里，你也是！生命就是等待正确的行动时机。所以，放轻松，你没有落后，你也没有领先。在命运为你安排的属于你自己的时区里，一切都非常准时。"

正如这首诗中所言，我们每个人都有自己的时区，在这个时区里，我们按照自己的节奏和步调前进，不受外界干扰。有些人喜欢快节奏的生活，他们追求效率，善于在短时间内完成大量工作；而有些人则偏爱慢节奏，他们享受过程，喜欢细细品味生活中的每一个瞬间。

例如，职场精英小王是一个典型的快节奏生活者。他每天忙于工作，高效处理各种事务，追求事业上的成功和突破。他的生活节奏快而紧凑，充满了挑战和机遇。然而，小王的朋友小李则选择了不同的生活方式。她偏爱慢节奏的生活，喜欢在家中读书、画画、听音乐，享受与家人和朋友的亲密时光。她的生活虽然简单，却充满了幸福和满足。

每个人都有自己的时区和生活节奏，没有绝对的优劣之分。关键在于找到适合自己的节奏，让生活变得更加和谐美好。只有当我们处于自己的时区时，我们才会感到舒适和自在，才能充分发挥自己的潜力，真正享受生活带来的乐趣和美好。

奏响个人独奏的旋律

找到适合自己的生活节奏，就如同在喧嚣的交响乐中找到个人独奏的旋律，它关乎我们的身心健康，也影响着我们的生活质量。每个人都是独一无二的，每个人的生活节奏也不应被模式化。那么，我们如何才能找到适合自己的生活节奏，追寻内心的和谐与满足呢？

我们要对自己有清晰的认知。我们要了解自己的性格特点、兴趣爱好和长处，这有助于增强自信心和自尊心；也要诚实地面对自己的不足，学会接纳自己的不完美和缺陷，不要过分苛求自己；还要明确自己的内心需求，包括物质需求和精神需求，思考自己真正想要的是什么，以及这些需求如何影响自己的日常生活和决策。

我们要学会倾听内心的声音。在日常生活中，我们要时常静下心来倾听自己内心的想法和感受，通过冥想、瑜伽、写日记等方式，增强自我反思和感知的能力。不要被外界的压力和期望左右，要学会分辨并遵循自己内心的声音。

我们要设定合理可行的目标。我们可以设定一些短期和长期目标，但目标需要合理且具有可行性，避免目标过高给自己带来过大的压力，也要避免目标过低毫无挑战性导致满足感降低。因此，我们要根据自己的实际情况，设定既具有挑战性又具有可行性的目标。

我们要保持积极乐观的心态。在面对生活中的困难和挑战时，我们要培养乐观、积极的生活态度，相信自己能够克服困难；要学会从失败中吸取教训，将其视为成长的机会，而不是打击自己的借口；要多与积极乐观的人交往，避免被过多的负面情绪影响；要时常关注自己的身体和心理健康，养成良好的生活习惯，以提高心态的稳定性。

我们要培养自己的生活乐趣。我们要多尝试新的事物，以拓宽自己的视野和兴趣范围，要善于去寻找和发现自己真正热爱和喜欢的事物，比如艺术、音乐、运动或者其他爱好，并将这些爱好融入日常生活中，让它们成为自己生活中的一部分。通过培养生活情趣，我们的生活变得更加丰富多彩。

我们要调整自己的生活节奏。生活节奏并非一成不变，它需要随着我们的成长和变化而不断调整。在不同的阶段和环境下，我们需要学会灵活调整自己的生活节奏以保持平衡与和谐。有时候，我们可能需要加快步伐以应对生活中的挑战；有时候，我们则需要放慢脚步以享受生活的美好。例如，在忙碌的工作日之后，我们可以安排一些轻松的活动来放松自己；在休息日，我们可以选择读书学习来充实自己的知识和技能。

总之，找到适合自己的生活节奏是一个不断探索和调整的过程。每个人的生活节奏都是独特的，无法被复制或替代的。通过不断尝试和调整，我们就能够逐渐找到那个让自己感到舒适和满足的节奏，它让我们在忙碌与闲暇之间找到平衡，让我们在追求梦想与享受生活之间实现和谐。

» 关键时刻让一步

在生活或工作中，我们往往会遇到许多矛盾和冲突。在冲突和分歧面前，我们应该选择固守自己的立场寸步不让？还是应该选择退一步海阔天空？

真正的胜利者，不在乎争得一时之长短，而懂得洞察世事，把握大局，以平和的心态面对一切，以宽广的胸怀去包容和理解。因此，关键时刻让一步，并非软弱无能，而是强者所特有的智慧与胸怀。这种智慧让我们在人生的道路上更加从容不迫，更加游刃有余；这种胸怀让我们在与人相处时更加和谐融洽，更加受人尊敬。

让一步的智慧

历史上流传着一个“六尺巷”的故事，它讲述了安徽桐城的两家大户因为一堵院墙而引发纷争，但最终通过相互让步达成和解的佳话。清朝康熙年间，张家与吴家毗邻而居，两家院落之间有条小巷子。后来吴家打算新建房屋，并意图霸占这条小巷子，但遭到了张家人的反对。

就在双方陷入激烈的争执时，张家人决定向远在京城的张英求援，希望担任文华殿大学士的他能出面调解这场纠纷，于是他们迅速撰写了一封加急信。张英收到信后，认为应该谦让邻里，于是他在回信中写下了四句话：“千里家书只为墙，让他三尺又何妨？长城万里今犹在，不见当年秦始皇。”张家人在收到回信后，深深理解了张英的用意，于是主动让出了三尺空地。吴家在看到张家退让后，也深受感动，也主动让出了三尺房基地。就这样，“六尺巷”得以形成。

这个故事告诉我们，在生活中应该学会谦让。通过相互理解和让步，可以有效化解矛盾，促进人际关系的和谐。关键时刻让一步，体现了对他人的尊重、理解和包容。在人生的旅途中，我们难免会遇到各种冲突和分歧，在这些关键时刻作出正确的选择、采取正确的行动，往往决定了我们与他人的关系。

让一步并不意味着软弱或退缩，而是一种深思熟虑后的明智之举。在冲突发生时，如果我们能够冷静下来，从对方的角度思考问题，理解对方的立场和感受，那么我们就更容易找到解决问题的办法。通过让一步，我们可以缓解紧张的气氛，降低冲突的烈度，为双方创造一个更好的沟通环境。

让一步也是一种胸怀和格局的体现。一个具有宽广胸怀和远大格局的人，更容易在关键时刻作出让步。他们知道，让步并不是失败，而是为了更好地维护双方的利益和关系。他们懂得，在人生的道路上，需要与他人携手前行，而让步就是建立这种合作关系的重要基础。

让一步还有助于提升我们的个人魅力和影响力。一个懂得让步的人，往往能够赢得他人的尊重和信任。面对生活中的挑战和困难，他们能够保持平和的心态和积极的态度，影响和感染身边的人。这种魅力和影响力，将有助于我们在事业和生活中取得更大的成功。

总之，“关键时刻让一步”是一种智慧的生活态度和处世哲学。它需要我们具备宽广的胸怀、远大的格局和深思熟虑的智慧。通过让一步，我们可以缓解冲突、建立合作关系、提升个人魅力和影响力，从而更好地应对生活中的各种挑战和困难。

让一步的艺术

当然，让一步并不意味着毫无原则的妥协和退让，如何在关键时刻作出正确的让步是一门艺术。在解决矛盾过程中，让步是一种有效策略，旨在推动对话的进行，寻找双方都能接受的解决方案，而不是简单地放弃自己的立场或原则，因此我们也需要学会在适当的时候坚守自己的核心原则和立场。

我们需要明确自己的底线和原则。在让步的过程中，我们不能毫无原则地妥协和退让，而是要坚守自己的核心价值观和利益底线，以维护自己的尊严和价值。底线和原则应该基于我们的目标、价值观和实际情况来确定，而不是盲目地坚守某些不切实际或无法实现的立场。

我们需要学会察言观色、审时度势。我们要密切观察对方的反应和态度，也要考虑整个形势的发展和变化，根据具体情况和时机作出判断，选择最合适的让步方式。有时候，我们可能需要主动示好、化解矛盾；有时候，我们则需要保持冷静、坚守立场。

我们需要注意让步的态度。让步是为了推动问题的解决，因此在让步时我们应该以平和的心态面对对方，以尊重和理解的态度表达自己的观点。这样不仅能够让对方感受到自己的诚意和善意，还能够促进双方之间的沟通和交流。

我们需要注意让步的方式。让步应该是策略性的，这意味着我们需要采取合适的方式。我们可以逐步释放让步的空间，以换取对方的更大让步或更多合作。此外，也可以采用条件性让步的方式，即在对方满足某些条件后才作出让步。

总之，“关键时刻让一步”是一种智慧的选择。无论是在生活中还是在工作中，我们都需要学会在关键时刻作出正确的让步，以缓解矛盾、增进理解、促进和谐。同时，我们也需要不断提高自己的观察力和判断力，以便在关键时刻作出最合适的决策。只有这样，我们才能在人生的道路上走得更加稳健。

» 接受生活的不完美

在人生的长河中，我们时常怀揣着对完美的渴望，追求着那份无懈可击的圆满。然而，随着岁月的沉淀和经历的累积，我们逐渐明白，完美只是一种理想化的状态，而生活总是充满了不完美。接受生活的不完美，并不是对现实的妥协，而是一种智慧的选择，一种勇敢面对生活真实面貌的勇气。

不完美是生活的常态

在纷繁复杂的世界中，我们常常执着于对完美的追求，无论是在个人成长中，还是在职业发展与人际关系中，我们总是期望一切都尽善尽美。然而，生活往往并不如我们所愿，它充满了不完美和缺陷。这些不完美，或许是个人成长中的困惑和迷惘，或许是事业上的挫折，也或许是人际关系中的摩擦。

在个人成长的道路上，我们时常会面临诸多挑战和困难。这些挑战可能来自我们的自身缺陷，如性格上的弱点、习惯上的不足；也可能来自外部环境的变化，如工作中的压力、人际关系的复杂性等。这些不完美让我们在成长的道路上不断跌倒、不断尝试，但也让我们学会了如何面对挫折、如何调整自己的心态和策略。

在职业发展中，我们也难以避免地会遇到各种不完美的情境。这些不完美可能来自行业的变革、公司的调整，也可能来自我们自身的职业规划不够清晰、技能不够全面或工作中出现的失误等。然而，正是这些不完美让我们意识到了自己的局限性和不足，并促使我们不断地提升自己的能力和素质。

在人际关系中，我们也不可能永远保持和谐与融洽，难免会产生摩擦和矛盾。这些不完美可能来自我们的沟通方式不够恰当、对他人的期望过高，也可能来自他人的性格、习惯和价值观与我们存在差异。然而，正是这些不完美让我们学会了如何与他人相处、如何理解和包容他人的不同观点和行为。

我们需要明白，不完美是生活的常态。我们无需过于苛求自己或他人，也不必因为生活中的不完美而感到沮丧或气馁。相反，我们应该学会接受并珍惜这些不完美，从中吸取力量和经验教训，让自己变得更加坚强、更加有智慧。这样我们才能度过更加美好又充实的人生。

这个世界上没有绝对完美的事物，也没有人能够在人生的旅途中一帆风顺。正是因为这些不完美，我们的生活才更加真实、多彩和有趣。因此，接受生活的不完美，是走向成熟的开始和标志。

拥抱不完美，从中汲取力量

生活本身就是不完美的。无论我们如何努力，总会遇到无法预料的困难和挑战，这些困难和挑战常常打破我们心中完美的幻想。但是，我们不应该因此而沮丧或气馁。相反，我们应该学会拥抱不完美，从不完美中汲取力量，实现内心的成长与满足，让自己变得更加强大和坚韧。

我们要接纳不完美的自我。每个人都有自己的缺点和不足，我们不要过分苛求自己完美无缺，也不要因为自身的不足而感到自责或沮丧。只有接受自己的不完美，才能够更加自信地面对生活。当然，接纳不完美的自我并不意味着放弃自我提升，而是要在正确认识自己的基础上，努力发挥优势、弥补不足。这样我们才能实现更好的成长，变得更加坚韧和成熟。

我们要从不完美中吸取经验教训。不完美是生活的常态，也是我们成长和进步的催化剂。当我们在生活中遇到挫折和失败时，不要一味地责怪自己或逃避现实，而是要勇敢地面对问题，从中汲取力量。正如爱迪生所说："我没有失败过，我只是发现了一万种不会成功的方法。"我们应该把失败看作一次学习的机会，学会反思和总结，找出问题的根源，并思考如何避免类似的问题再次发生，从失败中总结经验和教训，为迎接未来的挑战做好更充分的准备。

我们要积极面对生活的不完美。虽然生活中的不完美是无法避免的，但我们可以选择以何种态度去面对它。当我们以积极的心态去面对生活的不完美时，我们就能够从中发现生活的美好和意义。当我们在生活中遇到矛盾和冲突时，不要一味地抱怨和指责，而是要尝试理解对方的立场和感受，积极寻找解决问题的途径。这样我们不仅能够化解矛盾、改善关系，还能够从中学会如何与他人更好地相处。

我们要珍惜和感恩现有的生活。生活虽然不完美，但只要我们用心去感受、去体验，就会发现其中蕴藏着无数的美好和幸福。我们应该学会感恩、学会满足，珍惜现有的生活，并努力去创造更美好的未来。当我们不再追求完美时，我们会更加关注生活中的美好和幸福，我们会更加珍惜身边的人和事，感恩生活中的每一个瞬间，乐于尝试新的事物、结交新的朋友。这种心态会让我们更加满足和快乐，从而拥有更加积极、健康的生活态度。

在生活中，我们无法避免不完美的存在，但我们可以选择如何面对它。接受生活的不完美，是一种成熟的生活态度，也是一种蕴含深意的积极力量。它让我们更加珍惜每一次的经历和成长，更加感恩生活赋予我们的一切。当我们学会正视不完美，努力从不完美中汲取力量，就能够从中发现生活的美好和意义，实现自我成长和进步。

» 清风徐来，初心不改

清风徐来，轻拂过心田，带来的是一份宁静与恬淡。在喧嚣的世界中，我们时常会被外界的纷扰牵绊，忘却了内心那份最初的坚守。然而，正如那轻轻拂过的清风，无论世事如何变迁，我们都应铭记那份初心，让它在漫长的岁月中熠熠生辉，永不褪色。

清风徐来，初心依旧

“清风徐来，水波不兴。”这是古人对自然之美的描绘，也是我们内心的期望。在这个纷繁复杂的世界里，我们时常被各种琐事和纷扰束缚，很容易迷失方向，忘记初心。然而，当我们学会在喧嚣中保持内心的宁静，静待清风徐来时，我们就会发现那份初心依旧清晰如昨、温暖如初。

初心，是我们最初的梦想和追求，它代表着我们对生活的热爱和对未来的憧憬。然而，随着岁月的流逝，我们在追求梦想的道路上可能会因为各种原因而逐渐迷失方向，甚至忘记初心。但只要我们时刻保持警觉，不断提醒自己，我们就能保持初心依旧。

以一位艺术家为例。他从小就热爱绘画，希望自己成为一名杰出的艺术家。然而，在成长的道路上，他遇到了很多困难和挫折，甚至有时候会产生放弃的念头。但是，他始终坚守着自己的初心，不断地学习和探索，最终成为一名备受赞誉的艺术家。他的故事告诉我们，只要我们坚守初心，不断努力，就一定能够实现自己的梦想。

初心，是我们内心深处的那份纯真和追求，它引领我们走过曲折的道路，走向光明的未来。但是，保持初心并非易事，它需要我们付出持续不断的努力。

我们需要不断反思。经常回顾自己的过去，可以帮助我们重新找回那份初心。我们可以问问自己，最初的梦想是什么？我们为什么选择这条路？这些问题会让我们重新思考自己的价值观和目标，从而更加坚定地坚守初心。同时，我们也要经常反思，明确自己的行为和决策是否偏离了初心。如果发现了偏差，就需要及时调整，避免走错方向。

我们需要不断学习。学习不仅能让我们积累知识和技能，还能让我们保持一种开放的心态，接受新的事物和观点。在学习的过程中，我们会遇到各种挑战和困难，但正是这些挑战和困难，让我们更加坚定了自己的信念和追求。因此，我们要保持一种终身学习的心态，不断追求进步和成长。

我们需要坚定信念。在人生的道路上，困难和挫折是不可避免的，可能会让我们感到迷惘和失落。正是在这样的时刻，我们才更要坚定自己的信念，克服诸多困难，并通过努力实现自己的价值。因此，我们要时刻保持对信念的热爱和追求，让信念成为我们前进的动力。

我们要时刻提醒自己，不忘初心，方得始终。只有坚守初心，我们才能保持内心的纯净和追求，才能不断前进，实现自己的梦想。我们要时刻铭记初心的重要性，让它成为我们人生道路上的灯塔。

风过留痕，心志不移

“风过留痕，雁过留声。”这是大自然的规律，也是人生的哲理。在人生旅途中，每一阵风都会留下它的痕迹，就像我们的每一段经历都会塑造我们的性格和价值观。但是，只要我们的心志不移，就能像坚硬的磐石一样，经受住风雨的洗礼，变得更加坚韧和强大。

心志，是我们内心的力量源泉。它像一座坚固的城堡，守护着我们的梦想和信念。无论外界的风雨如何肆虐，只要我们矢志不渝，就能坚守住自己的阵地，迎接挑战。然而，这种品质并非与生俱来，而是需要我们通过不断的努力和实践去培养。

我们要设定明确的目标。这些目标应该具有可衡量性和可达成性，以便我们能够清晰地看到自己的进步和成果。一个明确的目标就像指南针一样，能够引导我们在复杂多变的人生旅途中保持方向，不被外界干扰。

我们要学会进行自我激励。自我激励是一种源自内心的强大动力，能够让我们在困境面前保持积极的心态和坚定的信念。我们可以通过阅读励志的书籍、观看激励人心的演讲或者与身边的朋友分享自己的目标和梦想来激发自己的内在动力。

我们还可以参加一些具有挑战性的活动。如登山、长跑等运动，这些活动需要我们克服身体上的困难和挑战，同时也能够锻炼我们的意志力和耐力。通过参加这些活动，我们能够更加深入地体验到坚持和努力所带来的成就感和满足感，从而更加坚定自己的信念和决心。

时光荏苒，岁月如梭，但只要我们保持那份初心不改，就能够在人生的旅途中找到属于自己的方向。清风徐来，带走了尘埃，留下了纯净；初心不改，让我们在纷繁复杂的世界中保持一份清明与坚定。只要我们怀揣着这份初心砥砺前行，就能够在人生的道路上留下属于自己的精彩篇章。